大森林动物编织

野生动物系列
服饰 • 家居手织设计

[英]路易斯·沃克 / 著
苏莹 / 译

中国纺织出版社

WELCOME

目录

前言

我的身边总是离不开小动物的陪伴。小时候，玩具房里的熊猫宝宝是最令我爱不释手的玩具，不仅如此，我和姐妹们的床上更是堆满了小山般的毛绒玩具。如今，我的工作室里除了一堆堆的毛线外，依然四处可见我收集来的绵羊玩偶。我始终相信，无论我们是否长大成人，为自己多保留一点点童年的记忆，都会为生活带来更多的美好。初学编织时，我对动物的热爱很快便展现在自己的作品中。从制作小狐狸开始，我的编织主题转眼便包罗了动物界的各位小伙伴。当然，我是绝不忍心去商店里购买真正的动物标本或貂皮披肩的，但是利用编织技法将动物皮革塑造出自己的个性和特色绝对是一种享受。书中的编织款式充分展现出我对玩偶和动物饰品无以伦比的热爱之情。

这本书里藏着各式各样的野生动物——有可以让任何人在任何场合大放光彩的动物服饰，比如为茶壶保温的一窝小猫头鹰，寒冷冬夜与你相守的各类呆萌小动物……你可能会发现一些或熟悉或陌生的面孔，例如狐狸披肩或獾宝宝壁饰。我赋予了每件作品与众不同的强烈特征，但你完全可以尝试塑造出极具个人风格的作品，例如，让鳄鱼展现出它的火爆脾气，为麋鹿添加一点惊讶的小表情。

不同水平的编织爱好者可以在书中各取所需，浣熊帽子能够让初学者快速入门。如果你相信运势，亲手编织一个幸运兔爪吊坠也是不错的选择。全书将在编织的各环节为你提供帮助。清晰的图解和技法说明足以赋予你挑战中级难度的勇气。书中的作品趣味十足，无论你的编织水平高低，一定会乐享其中。我觉得只有在厨房里挂上几只雉鸡，或在门廊上能看到土丘后探出头的小鼹鼠，那才叫生活呢！

服饰用品

狐狸披肩

难度级别

中级

似乎缺少了熠熠生辉的皮毛饰品，任何晚礼服都无法实现完美的装扮。那么，就让我们佩戴这条狐狸披肩，充分释放出自己最妩媚动人的一面。

材料

A Stylecraft Life DK毛线，红铜色×2团（298m/团，100g/团）
B Stylecraft Life DK毛线，奶白色×1团（298m/团，100g/团）
C Stylecraft Life DK毛线，黑色×1团（298m/团，100g/团）
4mm棒针
10mm黑色塑料眼睛×2枚
10mm黑色三角形塑料鼻子×1枚
(也可再使用1枚10mm黑色塑料眼睛)

成品尺寸

189cm×12cm

编织密度

20针×30行=10cm×10cm

编织技法

嵌花编织法
回针缝

身体

使用4mm棒针和A线起60针。

第1-348行： 正面全下针。
第349行（减）： 2下并1，56下，2下并1。（共58针）
第350行： 全上针。
按照上面2行的方法重复编织14次。（共30针）
织8行正面全下针。
第387行（加）： 下扭，下针至最后1针，下扭。（共32针）
织3行正面全下针。
第391行（加）： 下扭，下针至最后1针，下扭。（共34针）
织5行正面全下针。
第397行（减）： 2下并1，30下，2下并1。（共32针）
织3行正面全下针。
第401行（减）： 2下并1，下针至最后1针，2下并1。
织5行正面全下针。
第407行（减）： 2下并1，下针至最后2针，2下并1。（共28针）
第408行： 全上针。
按照上面2行的方法重复编织2次。（共24针）
第413行（减）： 3下并1，18下，3下并1。（共20针）
第414行： 全上针。
按照上面2行的方法重复编织2次。（共12针）
第419行（减）： 2下并1，8下，2下并1。（共10针）
第420行： 全上针。
织10行正面全下针。
更换B线，织10行正面全下针。
第441行（加）： 下扭，下针至最后1针，下扭。（共12针）
第442行： 全上针。
第443行（加）： 下扭下，下针至最后1针，下扭下。（共16针）
第444行： 全上针。
按照上面2行的方法重复编织2次。
第449行（加）： 下扭，下针至最后1针，下扭。（共26针）
第450行： 全上针。
按照上面2行的方法重复编织2次。
织4行正面全下针。
第459行（加）： 下扭，28下，下扭。（共32针）
织3行正面全下针。
第463行（加）： 下扭，30下，下扭。（共34针）
织5行正面全下针。
第469行（减）： 2下并1，30下，2下并1。（共32针）
织3行正面全下针。
第473行（减）： 2下并1，28下，2下并1。（共30针）
织9行正面全下针。
第483行（减）： 2下并1，下针至最后1针，2下并1。（共28针）
第484行： 全上针。
按照上面2行的方法重复编织。
织至仅余4针。
第509行（减）： 2下并1重复2次。（共2针）
第510行： 全上针。
第511行（减）： 2下并1。（共1针）
第512行： 全上针。
收针。

腿

编织4条
使用4mm棒针和A线起15针。
织64行正面全下针。
更换C线，继续织正面全下针至第90行。
第91行（减）：
[2下并1]×7，1下。
第92行：将线剪断，线尾依序穿过剩余8针，将线收紧，形成足尖状。

耳朵

编织4片
使用4mm棒针和A线起16针。
织1行下针，10行正面全下针。
第11行（减）：2下并1，织下针至最后2针，2下并1。
（共14针）
第12行：全上针。
按照上面2行的方法重复编织至仅余4针。
第23行（减）：
[2下并1]×2。（共2针）
上针方向收针。

尾巴

使用4mm棒针和A线起15针。
第1行：全下针。
第2行：全上针。
第3行（加）：下扭，13下，下扭。（共17针）
织3行正面全下针。
第7行（加）：下扭，15下，下扭。（共19针）
织3行正面全下针。
第11行（加）：下扭，17下，下扭。（共21针）
织3行正面全下针。
第15行（加）：下扭，19下，下扭。（共23针）
织5行正面全下针。
第21行（加）：下扭，21下，下扭。（共25针）
织5行正面全下针。
第27行（加）：下扭，23下，下扭。（共27针）
织5行正面全下针。
第33行（加）：下扭，25下，下扭。（共29针）
织7行正面全下针。
第41行（加）：下扭，27下，下扭。（共31针）
织7行正面全下针。
第49行（加）：下扭，29下，下扭。（共33针）
织7行正面全下针。
第57行（加）：下扭，31下，下扭。（共35针）
织9行正面全下针。
第67行：
更换B线，继续织正面全下针至第98行。
第99行（减）：3下并1，织下针至最后3针，3下并1。（共31针）
第100行：全上针。
按照上面2行的方法重复编织至仅余7针，以上针行结束。
第113行（减）：[2下并1]×3，1下。（共4针）
第114行：将线剪断，线尾依序穿过剩余4针，将线收紧，形成尾巴端部。

通过将身体部分增加或减少行数，我们可以任意调整狐狸披肩的长短。

缝合

身体

将狐狸的身体部分平铺，线头藏缝。将身体部分对折，正面朝内，用珠针固定织片两边至减针的起始位置。然后将身体部分平放，固定好的衔接缝居中朝上。

在缝合狐狸的身体部位时，正面朝内折出鼻尖。鼻子的折叠位置应位于之前换线的位置。两面均用珠针固定，奶白色减针区域应与红铜色减针区域形成对应的三角形。

之后，利用回针缝（参见技法指南）缝合居中的衔接缝及减针区域至鼻尖的两边。尾部保留开口状态暂不缝，将身体翻至正面。

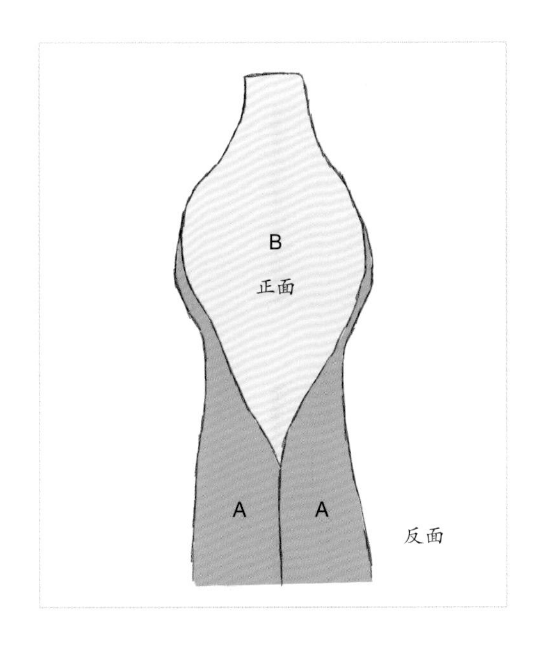

腿

腿部对折，正面朝内，衔接边用珠针固定。从黑线抽紧的足尖开始，沿腿部缝合。在黑线部分缝合后需更换为红铜色编织线继续缝合。保留起针边不缝，将腿部翻至正面，接缝置于身体后侧。

尾巴

尾巴对折，正面朝内，衔接边用珠针固定。从收紧的奶白色区域开始，沿尾巴缝合。

在奶白色区域缝合后需更换为红铜色编织线继续缝合。保留起针边不缝，将尾巴翻至正面，接缝置于身体后侧。

耳朵

将4片耳朵两两正面相对，两边用珠针固定，起针边暂不缝合。将耳朵沿边缘缝合并翻至正面。另一只耳朵同样处理。

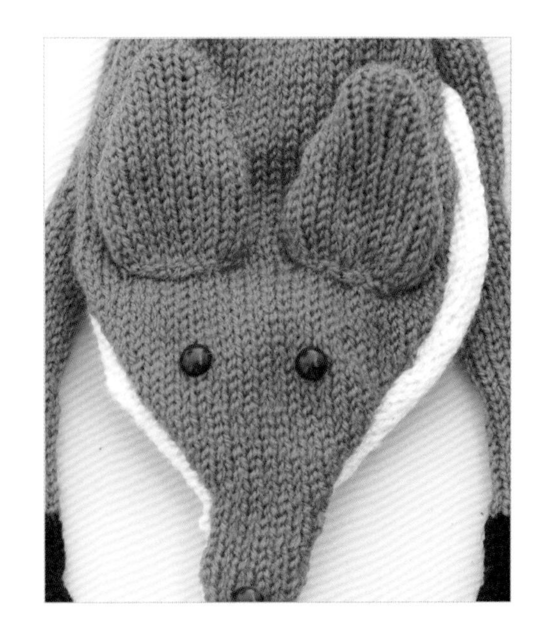

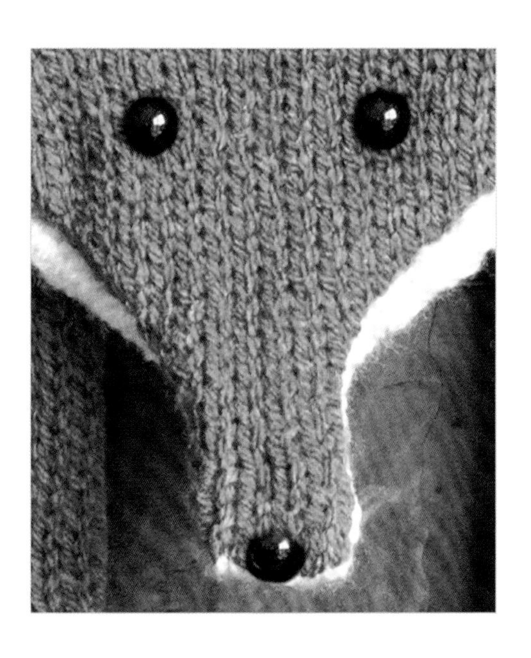

收尾整理

脸

找到鼻尖位置。利用别针在向上12cm处做标记。在别针标记的中心位置向左数4针，距离鼻子约7.5cm处钉缝左眼。从别针标记的中心位置向右数4针钉缝右眼。鼻子钉缝在脸部底端的中心，红铜色编织区域向上数2针处。之后从鼻子向上量出11cm，在中心别针标记的位置向左2针，用另一个别针做出标记。将织好的左耳固定在脸部边缘与新标记的别针中间。右耳同样处理（在中心别针右数2针位置做标记）。将两只耳朵仔细缝合后取下别针。建议在耳朵后方中心位置补缝数针，使耳朵略向后倾，防止耳朵向前遮挡脸部。

前腿

将狐狸身体翻面，衔接缝居中朝上放平。左腿黑色与红铜色的衔接线应与狐狸鼻子末端保持齐平。从这一位置向上测量21cm，将左腿与身体边缘进行固定，位置应接近红铜色减针区的起始处。同样方法将右腿固定在身体右侧。之后分别将两腿缝合，建议在腿底部距离衔接缝一小段距离处加缝3针，使腿部显得更顺直。

后腿与尾巴

将身体部分平铺放置，确保衔接缝完全居中。先将左腿中心衔接缝一侧与狐狸后片的左侧边缘固定。之后按照相同方法对应固定住右腿。将尾巴衔接缝一侧末端与身体中心衔接缝一侧固定，同时固定好3个部位的前片。利用红铜色编织线将3个部位缝合。尾巴与两腿间会出现两小段未缝合的开口，记得将其缝合。

刺猬拖鞋

难度级别

中级

这款刺猬拖鞋采用粗花呢材质的狗牙边塑造鞋面，鞋底则选用了高档超粗毛线，不仅造型有趣，而且兼具一流的保暖性与舒适性。寒冷的冬夜里，穿着这样一双拖鞋在壁炉前织毛线，那种惬意溢于言表。

材料

A Stylecraft品牌个性双面针织线（Special Double Knit），驼色×1团（294m/团，100g/团）
B Texere Yarns品牌特伦花呢线（Troon Tweed），古铜混铁锈色×3团（170m/团，100g/团）
C Texere Yarns品牌长毛绒雪尼尔地毯线，松露巧克力色×2团（110m/团，100g/团）
4mm棒针
4mm双头棒针
5mm双头棒针
5mm棒针
25g填充棉/只拖鞋
刺猬眼睛与鼻子图纸（参见图纸页）
黑色不织布1cm×2cm 2片用作眼睛，2.5cm×2.5cm 1片用作鼻子

成品尺寸

29cm×13cm×14cm

编织密度

采用4mm棒针，
20针×30行=10cm×10cm
采用5mm棒针，
19针×24行=10cm×10cm

编织技法

手指绕线起针法

鞋底

编织4片
使用4mm棒针和C线，以手指绕线起针法（参见技法指南）起5针，完成第1行。
第2行： 全下针。
第3行（加）： 整行下扭。（共10针）
第4-28行： 正面全下针。
第29行（加）： 1下，下扭，6下，下扭，1下。（共12针）
第30行： 全下针。
第31行： 全下针。
第32行： 全下针。
第33行： 全下针。
第34行： 全下针。
第35行（加）： 1下，下扭，8下，下扭，1下。（共14针）
第36-46行： 正面全下针。
第47行（减）： 1下，右下2并针，8下，2下并1，1下。（共12针）
第48行： 全下针。
第49行（减）： 1下，右下2并针，6下，2下并1，1下。（共10针）
第50行： 全下针。
第51行（减）： 1下，右下2并针，4下，2下并1，1下。（共8针）
第52行： 全下针。
第53行（减）： 1下，右下2并针，2下，2下并1，1下。（共6针）
第54行： 全下针。
收针。

鞋底滚边

使用4mm棒针和C线，以手指绕线起针法（参见技法指南）起81针，完成第1行。注意：起针时切勿过松，以免滚边尺寸过大，增加后续缝合难度。
第2行： 全上针。
第3行： 全下针。
第4行： 全上针。
第5行： 全下针。
第6行： 全上针。
收针。

刺猬

编织2片。
使用4mm双头棒针和A线，以手指绕线起针法（参见技法指南）起6针，完成第1行。
第2行：全下针。
第3行（加）：全下扭。（共12针）
第4行：全下针。
第5行（加）：*下扭，1下*，从*起重复至行尾。（共18针）
第6行：全下针。
第7行：全下针。
第8行（加）：*下扭，2下*，从*起重复至行尾。（共24针）
第9行：全下针。
第10行：全下针。
第11行：全下针。
第12行：全下针。
第13行：全下针。
第14行：全下针。
第15行（加）：*下扭，3下*，从*起重复至行尾。（共30针）
第16行：全下针。
第17行（加）：*下扭，4下*，从*起重复至行尾。（共36针）
第18行：全下针。
第19行：全下针。
第20行：全下针。
第21行：全下针。
第22行：全下针。
第23行：全下针。
第24行：更换为B线，使用5mm双头棒针整行织下针。
第25行（加）：*下扭，1下*，从*起重复至行尾。（共54针）
第26行：全下针。
第27行：全下针。
第28行：收18针，剩余36针各织1下针。
第29行：更换为5mm棒针，第1针上滑1针，*挂线，2下并1*，从*起重复至行尾，1下。
织11行正面全下针。
第41行：滑1针，*挂线，2下并1*，重复至最后1针，1下针。（共36针）
按照第30-41行的编织方法再重复11次至第173行。
第174行：全下针。
第175行：全上针。
第176行：全下针。
第177行：全上针。
第178行：全下针。
第179行：全上针。

右鞋帮

第180行： 18下，剩余放空针。
第181行： 上针方向收1针，织上针至行尾。（共17针）
第182行： 全下针。
第183行： 上针方向收1针，织上针至行尾。（共16针）
第184行： 全下针。
第185行： 上针方向收1针，*挂线，2下并1*，从*起重复至行尾。（共15针）
第186行： 全下针。
第187行： 上针方向收1针，织上针至行尾。（共14针）
织9行正面全下针。
第197行： 滑1针，［挂线，2下并1］×6，1下。
织6行正面全下针。
按照第192-203行的编织方法再重复6次至第263行。
第264行： 全下针。
第265行： 全下针。
收针。

左鞋帮

第180行（加）： 在第180行的空针中挑出18针。2下并1，织下针至行尾。（共17针）
第181行： 全上针。
第182行（减）： 2下并1，织下针至行尾。（共16针）
第183行： 全上针。
第184行（减）： 2下并1，织下针至行尾。（共15针）
第185行： 滑1针，*挂线，2下并1*，从*起重复至行尾。（共15针）
第186行（减）： 2下并1，织下针至行尾。（共14针）
第187行： 全上针。
织9行正面全下针。
第197行： 滑1针，［挂线，2下并1］×6，1下。
织6行正面全下针。
按照第192-203行的编织方法再重复6次至第263行。
第264行： 全下针。
第265行： 全下针。
收针。

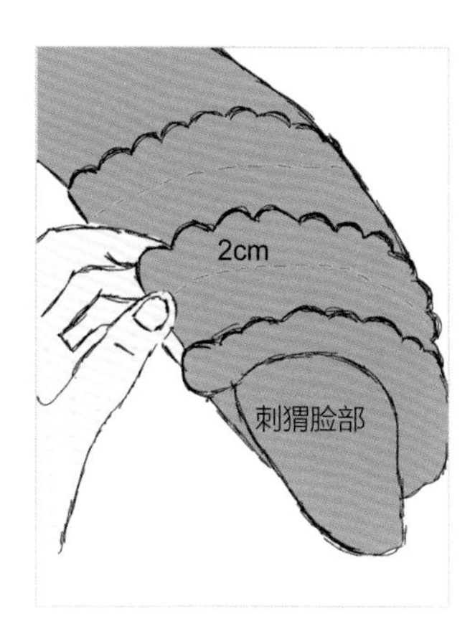

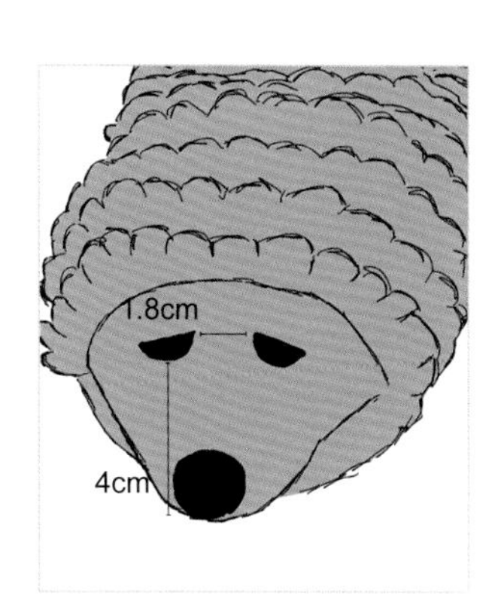

收尾整理

缝合鞋底

相同方法处理两只鞋底。

取出1片鞋底，利用珠针将鞋底滚边环绕鞋底固定，下针面朝上。从鞋底底部开始，使用C线缝合。完成缝合后，将第2片鞋底放在鞋底滚边上（上针面朝内）。重复底片的缝合方法，但在完全缝合前预留一小段返口。从返口处将鞋底翻回正面，均匀地塞入填充棉，最后将返口缝合。

刺猬鞋面

相同方法处理两片鞋面。

从刺猬鞋面的顶部（即脸部）着手，取出第1片狗牙边织片并折出刺猬背刺的形态。珠针固定后，使用B线，以细密的针脚在背刺底部2cm处缝合（注意针线需同时穿过褶皱的前后两侧）。同样方法处理每一条狗牙边。

当完成所有狗牙边的缝合工作后，再次从刺猬脸部开始，将第1条和第2条狗牙边衔接固定，使用B线缝合（注意藏针）。相同方法衔接所有狗牙边。

最后一条狗牙边可能会多出数针正面全下针，将多出的部分反向缝合在狗牙边背面两侧。然后在后面将多出部分牢牢缝合固定。

之后用珠针将刺猬鞋面固定在鞋底上。鞋面的收针边应置于鞋底正面，使鞋底上的衔接缝与狗牙边的衔接缝对齐。使用B线缝合固定。

按图纸在黑色不织布上剪出2片眼睛和1片鼻子（参见图纸页）。使用黑色棉线将鼻子缝合在脸部中心的最高点上，距离起针边4cm处缝合两只眼睛，两眼间距为1.8cm。

在缝合狗牙边时，一定要使用B线，针脚应尽可能细密紧致。

浣熊帽子

难度级别

初级

人们总是习惯将浣熊帽与探险家或大卫·克罗之类的人物联系在一起。这款帽子的优点在于：我们在佩戴它时无须受到任何良心谴责，因为帽子的制作不会对可爱的浣熊造成任何伤害。

CARVM ORBIS GEOGRAPHICA AC HYDROGRAPHICA TABVLA

材料

A Erika Knight长绒羊毛线，奶油巧克力色×3团
（40m/团，100g/团）
B Erika Knight长绒羊毛线，焦糖色×1团
（40m/团，100g/团）
10mm棒针
帽身尺寸14cm×60cm，需添加棉衬，正方形帽顶尺寸为60cm。

成品尺寸

帽子：26cm×16cm
尾巴：24cm

编织密度

5针×10行＝10cm×10cm

编织技法

手指绕线起针法
回针缝
平纹对缝

帽身

使用10mm棒针和A线，以手指绕线起针法（参见技法指南）起36针。织正面全下针直至织片长度达到30cm。

帽顶

织2片
使用10mm棒针和A线，以手指绕线起针法（参见技法指南）起50针，完成第1行。
第2行（减）： *2下并1，3下*，从*起重复至行尾。（共40针）
第3行： 全下针。
第4行（减）： *2下并1，2下*，从*起重复至行尾。（共30针）
第5行： 全下针。
第6行（减）： *2下并1，1 下*，从*起重复至行尾。（共20针）
第7行： 全下针。
第8行（减）： 整行织2下并1。（共10针）
第9行： 全下针。
第10行（减）： 整行织2下并1。（共5针）
将线剪断，预留一段长长的线头，穿过剩余各针并收紧开口。线头藏缝。

添加棉衬或均匀塞入填充棉均可，不仅帽型更硬挺，且保暖性更好。

尾巴

使用10mm棒针和A线，以手指绕线起针法（参见技法指南）起10针，完成第1行。

第2-6行： 全下针。
第7行： 更换为B线，全下针。
第8行： 全下针。
第9行： 更换为A线，全下针。
第10行： 全下针。
第11行： 更换为B线，全下针。
第12行： 全下针。
第13行： 更换为A线，全下针。
第14行： 全下针。
第15行： 更换为B线，全下针。
第16行： 全下针。
第17行（减）： 更换为A线，［2下并1，1下］×3次，2下。（共7针）。
第18行： 全下针。
第19行： 更换为B线，全下针。
第20行： 全下针。
第21行： 更换为A线，全下针。
第22行： 全下针。
第23行（减）：［2下并1］×3，1下。（共4针）
第24行： 全下针。

将线剪断，预留一段长长的线尾，穿过剩余各针并收紧敞口。

如果需要增加尾巴的长度，可利用相同方法加织数行。

收尾整理

将尾部对折，条纹逐一对应，正面朝内。采用平纹对缝（参见技法指南）缝合，起针边暂不缝。

手持帽身，塞入棉衬，将帽身对折，使起针边与收针边对齐。两边固定后缝合，衔接起伏针部分，将帽身较短的两端固定并缝合开口。将缝好的较短两端对接缝合，完成帽身的制作。

手持2片帽顶，此时帽子已形成环状，仍有一条衔接缝待缝合。将起伏针区域衔接起来，缝合2片帽顶上的衔接缝。根据已形成的环状修剪方形棉衬。之后将棉衬塞入两片帽顶之间并缝合开口。

将帽顶置于帽身上牢牢缝合，衔接线便构成了帽身与帽顶间的折边。

用珠针将尾巴固定在帽子的后下方，您也可以根据自己的喜好来确定尾巴的位置。此处，我选择将尾巴放置在距离衔接缝左侧1/4处。

幸运兔爪吊坠

难度级别

初级

在英国的古老传统说法中，兔爪会带来好运，于是我便设计了这款可爱小物。建议你把这款简单有趣的编织吊坠随身携带，它一定会帮助你实现所有美好愿望哦！

材料

Drops羊驼丝线，浅米黄色1 × 50g/团（140m/团，50g/团）
Bergere De France天使系列，米白色1 × 25g/团（275m/团，25g/团）
一小团任意品牌棕色阿伦线，如：Malabrigo的深巧克力色或Sincerely Louise的驼色线。
4mm双头棒针
15cm银/铁珠链，直径2mm
仿古银制半圆珠帽10cm × 8mm，内直径为8mm
5mm银色吊环
小镊子
多用胶
填充棉

成品尺寸

3.5cm × 7cm

编织密度

23针 × 28行 = 10cm × 10cm

编织技法

手指绕线起针法

兔爪

使用4mm棒针，以手指绕线起针法（参见技法指南）起6针，平均分在3根双头棒针上，形成第1行。
第2行：全下针。
第3行（加）：*下扭*，整行重复编织。（共12针）
第4行：全下针。
第5行（加）：*下扭，1下*，从*起重复编织至行尾。（共18针）
织13行正面全下针。
第19行（减）：*2下并1，1下*，从*起重复至行尾。（共12针）
开始塞入填充棉，注意不要塞得过满。
第20行（减）：*2下并1*，从*起重复至行尾。（共6针）
第21行（减）：整行重复编织2下并1。（共3针）
第22行：收针，预留一段长线尾。

缝合

将线尾环绕收针边形成的线圈，在下方8mm的位置绕一圈，收紧并缝合。
将起针线收紧并藏缝。
使用小镊子将5mm的吊环扭开一个口，将吊环穿入珠帽顶部的孔。然后将珠链穿入吊环，用镊子将吊环的开口封闭。
拿起珠帽，在内部挤入多用胶，覆盖约¾的位置。将珠帽盖在兔爪顶部，固定约1分钟，放置一旁待干。
取少量棕色阿伦线，在兔爪上缝出3小段装饰线，每段长度约为1.5cm。

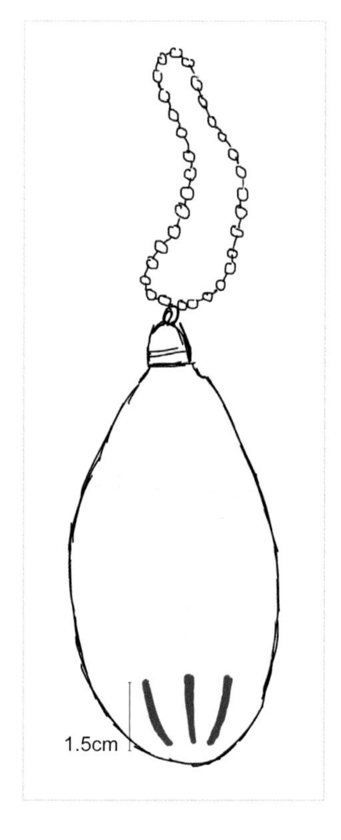

大胆尝试更换两种主线的颜色，为兔爪带来无限变化！

熊掌手套

难度级别

中级

记得每次去丛林玩时一定要带上这款超保暖的熊掌手套。由于选用了最柔软的优质羊毛线，熊掌手套必将成为你抵挡严寒的最佳羊毛装备。亲手编织的手套为你带来满满的成就感，大胆应对所有困难和挑战吧！

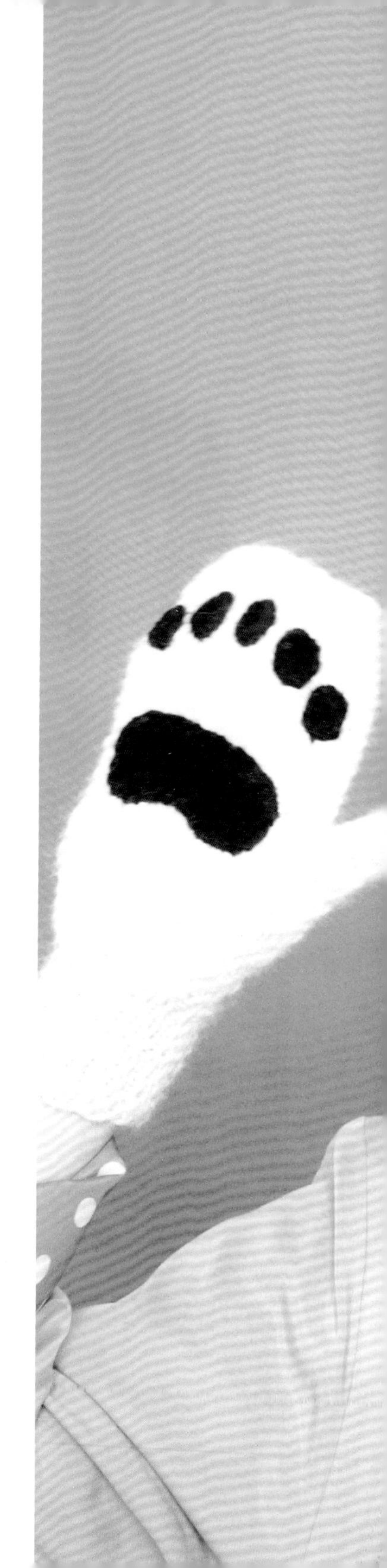

材料

A Wool and the Gang，宝宝羊驼线，纯白×2团
（116m/团，50g/团）
B Wool and the Gang，宝宝羊驼线，深蓝×1团
（116m/团，50g/团）
3mm双头棒针
3.5mm双头棒针
麻花针

成品尺寸

33cm×13.5cm

编织密度

24针×30行＝10cm×10cm

编织技法

手指绕线起针法
嵌花编织法

右掌

使用3mm双头棒针和A线，以手指绕线起针法（参见技法指南）起44针，首尾衔接，完成第1圈环形编织。
第2圈： *2上，2下*，从*起重复编织至行尾。
第3-21圈： 重复第2圈。
第22圈（加）： 更换为3.5mm双头棒针。*下扭，3下*，从*起重复编织至行尾。（共55针）
第23圈： 全下针。
第24圈： 全下针。
第25圈（加）： 27下，挑加1，1下，挑加1，27下。（共57针）
第26圈： 全下针。
第27圈： 全下针。
第28圈： 全下针。
第29圈： 全下针。
第30圈（加）： 27下，挑加1，3下，挑加1，27下。（共59针）
第31圈： 全下针。
第32圈： 全下针。
第33圈： 全下针。
第34圈： 全下针。
第35圈（加）： 27下，挑加1，5下，挑加1，27下。（共61针）
第36圈： 全下针。

第37圈：全下针。
第38圈：A线38下，B线6下，A线7下，B线6下，A线4下。
第39圈：A线37下，B线8下，A线5下，B线8下，A线3下。
第40圈（加）：A线27下，A线挑加1，A线7下，A线挑加1，A线2下，B线10下，A线3下，B线10下，A线2下。（共63针）
第41圈：A线38下，B线23下，线A2下。
按照上一圈的编织方法再重复3次。
第45圈（加）：A线27下，A线挑加1，A线9下，A线挑加1，A线2下，B线23下，A线2下。（共65针）
第46圈：A线41下，B线21下，线A3下。
第47圈：A线42下，B线19下，线A4下。
第48圈：A线43下，B线17下，线A5下。
第49圈：A线44下，B线15下，线A6下。
第50圈：A线27下，将11针暂时转至麻花针上，A线7下，B线13下，A线7下。（共54针）
第51圈（加）：A线［下扭，10下］×3次，A线下扭，A线1下，B线9下，B线下扭，B线1下，A线8下。（共59针）
第52圈：A线41下，B线8下，A线10下。
第53圈：A线整行织下针。
第54圈（加）：［下扭，11下］×5，10下。（共64针）
第55圈：全下针。
第56圈：全下针。
第57圈：全下针。
第58圈：全下针。
第59圈：全下针。
第60圈：全下针。
第61圈：A线35下，B线3下，A线21下，B线3下，A线2下。
第62圈：A线34下，B线5下，A线19下，B线5下，A线1下。
第63圈：全下针。
第64圈：全下针。
第65圈：A线35下，B线3下，A线2下，B线3下，A线11下，B线3下，A线2下，B线3下，A线2下。
第66圈：A线39下，B线5下，A线9下，B线5下，A线6下。
第67圈：全下针。
第68圈：A线39下，B线5下，A线3下，B线3下，A线3下，B线5下，A线6下。
第69圈：A线39下，B线5下，A线2下，B线5下，A线2下，B线5下，A线6下。
第70圈：A线40下，B线3下，A线3下，B线5下，A线3下，B线3下，A线7下。
第71圈：A线46下，B线5下，A线13下。
第72圈：A线47下，B线3下，A线14下。
第73圈：A线织全下针。
第74圈：全下针。
第75圈：全下针。
第76圈（减）：*2下并1，5下*，从*起重复编织至行尾。（共54针）
第77圈（减）：*2下并1，4下*，从*起重复编织至行尾。（共46针）
第78圈（减）：*2下并1，3下*，从*起重复编织至行尾。（共38针）
第79圈（减）：*2下并1，2下*，从*起重复编织至行尾。（共30针）
第80圈（减）：*2下并1，1下*，从*起重复编织至行尾。（共22针）
第81圈（减）：2下并1重复编织至行尾。（共14针）
第82圈（减）：2下并1重复编织至行尾。（共7针）
将线剪断，预留一段长长的线尾，穿过剩余各针并收紧敞口。线尾藏缝。

在换线过程中可以选择渡线方法，也可以选择暂时断线。

左掌

使用3mm双头棒针和A线，以手指绕线起针法（参见技法指南）起44针，收尾衔接，完成第1圈环形编织。
第2圈：*2上，2下*，从*起重复编织至行尾。
第3-21圈：重复第2圈。
第22圈（加）：更换为3.5mm双头棒针。*下扭，3下*，从*起重复编织至行尾。（共55针）
第23圈：全下针。
第24圈：全下针。
第25圈（加）：27下，挑加1，1下，挑加1，27下。（共57针）
第26圈：全下针。
第27圈：全下针。
第28圈：全下针。
第29圈：全下针。
第30圈（加）：27下，挑加1，3下，挑加1，27下。（共59针）
第31圈：全下针。
第32圈：全下针。
第33圈：全下针。
第34圈：全下针。
第35圈（加）：27下，挑加1，5下，挑加1，27下。（共61针）
第36圈：全下针。
第37圈：全下针。
第38圈：A线4下，B线6下，A线7下，B线6下，A线38下。
第39圈：A线3下，B线8下，A线5下，B线8下，A线37下。
第40圈（加）：A线2下，B线10下，A线3下，B线10下，A线2下，A线挑加1，A线7下，A线挑加1，A线27下。（共63针）
第41圈：A线2下，B线23下，A线38下。
按照上一圈的编织方法再重复3次。
第45圈（加）：A线2下，B线23下，A线2下，A线挑加1，A线9下，A线挑加1，A线27下。（共65针）
第46圈：A线3下，B线21下，A线

41下。
第47圈： A线4下，B线19下，A线42下。
第48圈： A线5下，B线17下，A线43下。
第49圈： A线6下，B线15下，A线44下。
第50圈： A线7下，B线13下，A线7下，将11针暂时转至麻花针上。（共54针）
第51圈（加）： A线8下，B线1下，B线下扭，B线9下，A线1下，A线下扭，A线［下扭，10下］×3。（共59针）
第52圈： A线10下，B线8下，A线41下。
第53圈： A线织全下针。
第54圈（加）： 10下，［11下，下扭］×5。（共64针）
第55圈： 全下针。
第56圈： 全下针。
第57圈： 全下针。
第58圈： 全下针。
第59圈： 全下针。
第60圈： 全下针。
第61圈： A线2下，B线3下，A线21下，B线3下，A线35下。
第62圈： A线1下，B线5下，A线19下，B线5下，A线34下。
第63圈： 全下针。
第64圈： 全下针。
第65圈： A线2下，B线3下，A线2下，A线11下，B线3下，A线2下，B线3下，A线35下。
第66圈： A线6下，B线5下，A线9下，B线5下，A线39下。
第67圈： 全下针。
第68圈： A线6下，B线5下，A线3下，B线3下，A线3下，B线5下，A线39下。
第69圈： A线6下，B线5下，A线2下，B线5下，A线2下，B线5下，A线39下。
第70圈： A线7下，B线3下，A线3下，B线5下，A线3下，B线3下，A线40下。
第71圈： A线13下，B线5下，A线46下。
第72圈： A线14下，B线3下，A线47下。
第73圈： A线全行织下针。
第74圈： 全下针。
第75圈： 全下针。
第76圈（减）： *2下并1，5下*，从*起重复编织至行尾。（共54针）
第77圈（减）： *2下并1，4下*，从*起重复编织至行尾。（共46针）
第78圈（减）： *2下并1，3下*，从*起重复编织至行尾。（共38针）
第79圈（减）： *2下并1，2下*，从*起重复编织至行尾。（共30针）
第80圈（减）： *2下并1，1下*，从*起重复编织至行尾。（共22针）
第81圈（减）： 2下并1重复编织至行尾。（共14针）
第82圈（减）： 2下并1重复编织至行尾。（共7针）
将线剪断，预留一段长长的线尾，穿过剩余各针并收紧开口。线头藏缝。

大拇指

在麻花针上挑起11针，手套两边各挑2针。将15针平均分至3根3.5mm双头棒针上。
织16圈正面全下针。
第17圈（减）： *2下并1，1下*，从*起重复编织至行尾。（共10针）
第18圈（减）： 2下并1重复编织至行尾。（共5针）
将线剪断，预留一段长长的线尾，穿过剩余各针并收紧敞口。线尾藏缝。

缝合

熊掌

使用黑线，沿B线编织区域的边缘绣1圈轮廓线。利用黑色短线段将B线区域的轮廓微收5mm。这样不仅会使边缘显得齐整，而且会使熊掌部分微微鼓起，令北极熊的熊掌形象更加逼真。

粗犷的轮廓绣令掌心部分呈现些许膨胀感，和真正的熊掌一样胖嘟嘟。

貂皮披肩

难度级别

初级

如果你喜爱20世纪40年代的怀旧风，那么这款貂皮披肩一定是你的中意之选。奢华的人工编织貂皮披肩将为你的衣橱添加几分优雅与风韵。

材料

A Malabrigo精纺系列，深巧克力色×2团
（192m/团，100g/团）
B Malabrigo美利奴精纺系列，暗红色×1团
（192m/团，100g/团）
C Malabrigo美利奴精纺系列，苹果木色×1团
（192m/团，100g/团）
5mm棒针
10mm黑色塑料眼睛×3枚
1对皮毛面料用米黄色钩扣和扣眼

成品尺寸

90cm×12cm

编织密度

18针×26行＝10cm×10cm

编织技法

手指绕线起针法
嵌花编织法
平纹对缝

貂身上片

织2片
使用5mm棒针和A线，以手指绕线起针法（参见技法指南）起4针，完成第1行。
第2行： 全上针。
第3行： 全下针。
第4行： 全上针。
第5行（加）： 下扭，2下，下扭。（共6针）
第6行： 全上针。
第7行： 全下针。
第8行： 全上针。
第9行（加）： 下扭，4下，下扭。（共8针）
第10行： 全上针。
第11行： 全下针。
第12行： 全上针。
第13行（加）： 下扭，6下，下扭。（共10针）
第14行： 全上针。
第15行（加）： *下扭，1下*，从*起重复编织至行尾。（共15针）
第16行： 全上针。
第17行（加）： *下扭，2下*，从*起重复编织至行尾。（共20针）
第18行： 全上针。
第19行（加）： *下扭，3下*，从*起重复编织至行尾。（共25针）
第20行： 全上针。
第21行： C线1下，A线23下，线C1下。
第22行： C线1上，A线23上，线C1上。
按照上面2行的方法再重复编织2次。
第27行（加）： C线下扭，A线23下，C线下扭。（共27针）
第28行： C线2上，A线23上，线C2上。
第29行： C线2上，A线10上，B线3下，A线10下，C线2上。
第30行： C线2上，A线10上，B线3上，A线10上，C线2上。
按照上面2行的方法再重复编织1次。
第33行： C线2下，A线9下，B线5下，A线9下，C线2下。
第34行： C线2上，A线9上，B线5上，A线9上，C线2上。
按照上面2行的方法再重复编织1次。
第37行： C线2下，A线8下，B线7下，A线8下，C线2下。
第38行： C线2上，A线8上，B线7上，A线8上，B线7上，C线2上。
第39行： C线3下，A线7下，B线7下，A线7下，C线3下。
第40行： C线3上，A线7上，B线7上，A线7上，C线3下。
按照上面2行的方法再重复编织2次。
第45行： C线3下，A线8下，B线5下，A线8下，C线3下。
第46行： C线3上，A线8上，B线5上，A线8上，C线3上。
第47行： C线3下，A线8下，B线5下，A线8下，C线3下。
第48行： C线3上，A线8上，B线5上，A线8上，C线3上。
第49行： C线3下，A线8下，B线5下，A线8下，C线3下。
第50行： C线3上，A线8上，B线5上，A线8上，C线3上。
第51行： C线3下，A线8下，B线5下，A线8下，C线3下。
第52行： C线3上，A线8上，B线5上，A线8上，C线3上。
第53行： C线3下，A线8下，B线5下，A线8下，C线3下。
第54行： C线3上，A线8上，B线5上，A线8上，C线3上。
第55行： C线3下，A线8下，B线5下，A线8下，C线3下。
第56行： C线3上，A线8上，B线5上，A线8上，C线3上。
第57行： C线3下，A线7下，B线7下，A线7下，C线3下。
第58行： C线3上，A线7上，B线7上，A线7上，C线3上。

第59行： C线3下，A线7下，B线7下，A线7下，C线3下。
第60行： C线3上，A线7上，B线7上，A线7上，C线3上。
第61行： C线3下，A线7下，B线7下，A线7下，C线3下。
第62行： C线3上，A线7上，B线7上，A线7上，C线3上。
按照第45-62行的方法再重复编织6次，织至第170行。
第171行： C线3下，A线8下，B线5下，A线8下，C线3下。
第172行： C线3上，A线8上，B线5上，A线8上，C线3上。
按照第171行和第172行的方法再重复编织2次，至第176行。
第177行： C线3下，A线7下，B线7下，A线7下，C线3下。
第178行： C线3上，A线6上，B线9上，A线6上，C线3上。
第179行： C线3下，A线5下，B线11下，A线5下，C线3下。
第180行： C线3上，A线4上，B线13上，A线4上，C线3上。
第181行： C线3下，A线3下，B线15下，A线3下，C线3下。
第182行： C线3上，A线2上，B线17上，A线2上，C线3上。
第183行： C线2下，A线2下，B线19下，A线2下，C线2下。
第184行： C线2上，A线1上，B线21上，A线1上，C线2上。
第185行： C线2下，B线23下，C线2下。
第186行： C线2上，B线23上，C线2上。
第187行： C线1下，B线25下，C线1下。
第188行： B线全下针。
第189行： B线收针。

貂身下片

织2片
利用5mm棒针和A线，以手指绕线起针法（参见技法指南）起4针，完成第1行。
按照貂身背部的编织方法编织前20行。
第21-186行： A线织正面全下针。
第187行： 更换B线，全下针。
第188行： 全上针。
收针。

耳朵

织4片
使用5mm棒针和B线，以手指绕线起针法（参见技法指南）起5针，完成第1行。
第2行： 全上针。
第3行： 全下针。
第4行： 全上针。
第5行（减）： 2下并1，1下，2下并1。（共3针）
第6行： 全上针。
第7行（减）： 整行3下并1。
将线剪断，预留一段长长的线尾，穿过剩余各针，线尾藏缝。

腿部

织16片
使用5mm棒针和B线，以手指绕线起针法（参见技法指南）起8针，完成第1行。
第2行： 全上针。
织16行正面全下针。
第19行（减）： 整行2下并1。
将线剪断，预留一段长长的线尾，穿过剩余各针，线尾藏缝。

尾巴

织4片
使用5mm棒针和B线，以手指绕线起针法（参见技法指南）起12针，完成第1行。
第2行： 全上针。
第3行（加）： *下扭，3下*，从*起重复编织至行尾。（共15针）
织3行正面全下针。
第7行（加）： *下扭，4下*，从*起重复编织至行尾。（共18针）
第8行： 全上针。
织18行正面全下针。
第27行（减）： *2下并1，4下*，从*起重复编织至行尾。（共15针）
第28行： 全上针。
第29行（减）： *2下并1，3下*，从*起重复编织至行尾。（共12针）
第30行： 全上针。
第31行（减）： *2下并1，2下*，从*起重复编织至行尾。（共9针）
第32行： 全上针。
第33行（减）： *2下并1，1下*，从*起重复编织至行尾。（共6针）
将线剪断，预留一段长长的线头，穿过剩余各针，线头藏缝。

缝合

将貂皮披肩的各织片整理平整。取貂身背部和腹部各1片，正面相对放置。用珠针固定边缘并缝合。保留收针边作为返口，将貂身翻至正面。

耳部

4片

两两正面相对缝合，从返口翻至正面。

尾部

2条

两两正面相对缝合，从返口翻至正面。

腿部

8条

两两正面相对缝合，从返口翻至正面。

脸部

在距离鼻尖（起针边）7cm处固定2只眼睛，眼间距为1.5cm。在距离鼻尖10cm的位置固定2只耳朵，耳间距为4.5cm，使用B线整齐地缝合在貂身上。将鼻头装饰固定在鼻尖正中间。

使用B线，以平纹对缝（参见技法指南）缝合收针边。将两条腿固定在貂身后部。尾巴缝合在貂身的衔接边上，与两腿之间的距离为3.5cm。腿部缝合时请使用B线。另外两条腿缝合在貂身背部边缘，距离鼻子末端7cm处。固定好后同样使用B线缝合。

钉缝钩扣和扣眼

貂皮大衣是通过钩扣和扣眼进行衔接的。将扣眼置于一只貂前侧收针边30cm处，紧挨B线区域的交界线。钩扣的位置在脸部下方正中，距离起针边7cm处，扣眼距离起针边（下部正中）同样是7cm。

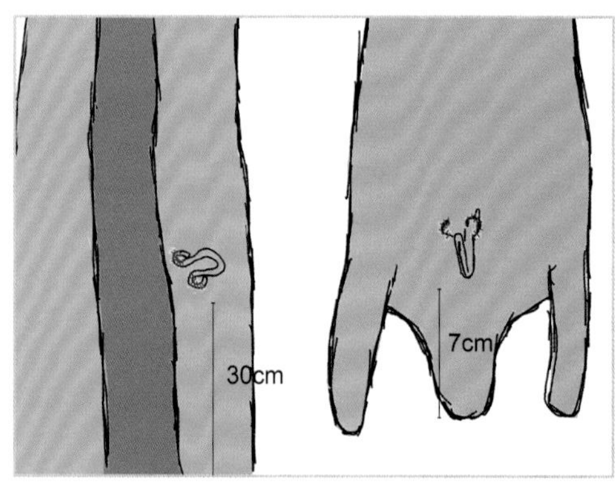

充分发挥你的创造力，大胆尝试貂皮披肩的不同穿法，甚至可以考虑编织3只貂的夸张造型，你一定会在好友聚会上大放异彩哦！

狼头帽饰

难度级别

中级

狼是一种可畏又可敬的动物，象征着自由与智慧。大胆释放内心的狼性，在这个冬季为自己添加几款与众不同的个性头饰吧！

材料

A Rowan羊驼棉线，雾灰色×1团（135m/团，50g/团）
B Rowan羊驼棉线，雨滴色×1团（135m/团，50g/团）
C Rowan羊驼棉线，米色×1团（135m/团，50g/团）
D Rowan英国天然牧羊毛圈花式线，马萨姆绵羊浅棕色×2团（60m/团，100g/团）
4mm双头棒针
5mm双头棒针
5mm棒针
8mm棒针
麻花针
5.5cm×2.5cm黑色不织布眼睛×2片
5.5cm×2.5cm黑色不织布鼻子×1片
21mm黑色安全眼睛×2枚
35g填充棉用于脸部，10g填充棉用于耳朵
狼眼图纸（参见图纸页）
1小团黑色粗毛线
黑色棉线

成品尺寸

70cm×27cm

编织密度

采用8mm棒针时，
8.5针×13行=10cm×10cm
采用5mm棒针时，
16针×23行=10cm×10cm

编织技法

手指绕线起针法
嵌花编织法
平纹对缝
回针缝

帽子底托

使用4mm双头棒针和A线，以手指绕线起针法（参见技法指南）起84针，首尾衔接成环状，完成第1圈。
第2圈： *1下，1上*，从*起重复至圈尾。
第3圈： *1下，1上*，从*起重复至圈尾。
第4圈： 将20针暂时移至渡线上，1下，1上编织剩余64针。
第5圈： 整圈织*1下，1上*，再次织入渡线上的各针。(共84针)
重复等边棱纹图案，直至织片达到4cm。
更换为5mm双头棒针，织15圈正面全下针。
第16圈： *2下并1，10下*，从*起重复编织至圈尾。（共77针）
第17圈： 全下针。
第18圈（减）： *2下并1，9下*，从*起重复编织至圈尾。（共70针）
第19圈： 全下针。
第20圈（减）： *2下并1，8下*，从*起重复编织至圈尾。（共63针）
第21圈： 全下针。
第22圈（减）： *2下并1，7下*，从*起重复编织至圈尾。（共56针）
第23圈： 全下针。
第24圈（减）： *2下并1，6下*，从*起重复编织至圈尾。（共49针）
第25圈： 全下针。
第26圈（减）： *2下并1，5下*，从*起重复编织至圈尾。（共42针）
第27圈： 全下针。
第28圈（减）： *2下并1，4下*，从*起重复编织至圈尾。（共35针）
第29圈： 全下针。
第30圈（减）： *2下并1，3下*，从*起重复编织至圈尾。（共28针）
第31圈： 全下针。
第32圈（减）： *2下并1，2下*，从*起重复编织至圈尾。（共21针）
第33圈： 全下针。
第34圈（减）： *2下并1，1下*，从*起重复编织至圈尾。（共14针）
第35圈： 全下针。
第36圈（减）： 2下并1编织至圈尾。（共7针）
将线剪断，预留一段长长的线头，穿过剩余各针并收紧开口。线头藏缝。

狼身上片

单片编织至底片部位。使用5mm棒针和C线，以手指绕线起针法（参见技法指南）起4针，完成第1行。

第2行： 全上针。

第3行（加）： *下扭*，从*起重复编织至行尾。（共8针）

第4行： 全上针。

第5行（加）： *下扭，1下*，从*起重复编织至行尾。（共12针）

第6行： 全上针。

第7行（加）： *下扭，2下*，从*起重复编织至行尾。（共16针）

第8行： 全上针。

第9行（加）： 下扭，3下，下扭，1上，2下，下扭，1上，2下，下扭，3下。（共20针）

第10行： 7上，1下，4上，1下，7上。

第11行（加）： 下扭，4下，下扭，2上，2下，下扭，2上，2下，下扭，4下。（共24针）

第12行： 7上，2下，6上，2下，7上。

第13行： C线6下，C线3上，C线2下，B线2下，C线2下，C线3上，C线6下。

第14行： C线6上，C线3下，C线1上，B线4上，C线1上，C线3下，C线6上。

第15行： C线5下，C线3上，C线1下，B线6下，C线1下，C线3下，C线5下。

第16行： C线5上，C线3下，C线1上，B线6上，C线1上，C线3下，C线5上。

第17行： C线4下，C线4上，B线8下，C线4上，C线4下。

第18行： C线4上，C线4下，B线8上，C线4下，C线4上。

第19行： C线3下，C线4上，B线10下，C线4上，C线3下。

第20行： C线3上，C线4下，B线10上，C线4下，C线3上。

按照上面2行的方法再重复编织2次。

第25行（加）： C线下扭，C线2下，C线4上，B线10下，C线4上，C线2下，C线下扭。（共26针）

第26行： C线4上，C线4下，B线10上，C线4下，C线4上。

第27行： C线4下，C线4上，B线10下，C线4上，C线4下。

第28行： C线4上，C线4下，B线10上，C线4下，C线4上。

按照上面2行的方法重复编织1次。

第31行： C线3下，C线3上，B线14下，C线3上，C线3下。

第32行： C线2上，C线2下，B线18上，C线2下，C线2上。

第33行： C线2下，B线5下，B线2上，B线8下，B线2上，B线5下，C线2下。

第34行： 整行更换为B线。

7上，2下，8上，2下，7上。

第35行： 8下，2上，6下，2上，8下。

第36行： 8上，2下，6上，2下，8上。

第37行： B线9下，B线2上，B线1下，A线2下，B线1下，B线2上，B线9下。

第38行： B线9上，B线2下，A线4上，B线2下，B线9上。

第39行（加）： B线2下，B线［下扭，1下］×4，B线下扭，A线1下，A线下扭，A线1下，A线下扭，B线1下，B线［下扭，1下］×5。（共38针）

第40行： B线16上，A线6上，B线16上。

第41行（加）： B线2下，B线［下扭，2下］×4，B线下扭，A线2下，A线［下扭，2下］×2，B线［下扭，2下］×5。（共50针）

第42行： B线20上，A线10上，B线20上。

第43行（加）： B线2下，B线［下扭，3下］×4，B线下扭，B线1下，A线2下，A线［下扭，3下］×2，B线［下扭，3下］×5。（共62针）

第44行： B线25上，A线12上，B线25上。

第45行（加）： B线2下，B线［下扭，4下］×4，B线下扭，B线1下，A线3下，A线［下扭，4下］×2，B线［下扭，4下］×5。（共74针）

第46行： B线29上，A线16上，B线29上。

第47行： B线27下，B线2上，A线16下，B线2上，B线27下。

第48行： B线27上，B线2下，A线16上，B线2下，B线27上。

第49行： B线26下，B线2上，A线18下，B线2上，B线26下。

第50行： B线26上，B线2下，A线18上，B线2下，B线26上。

第51行： B线25下，B线2上，A线20下，B线2上，B线25下。

第52行： B线25上，B线2下，A线20上，B线2下，B线25上。

第53行： B线24下，B线2上，A线22下，B线2上，B线24下。

第54行： B线24上，B线2下，A线22上，B线2下，B线24上。

第55行： B线20下，B线5上，A线24下，B线5上，B线20下。

第56行： B线20上，B线5下，B线24上，B线5下，B线20上。

第57行： B线17下，B线5上，A线30下，B线5上，B线17下。

第58行： B线17上，B线5下，A线30上，B线5下，B线17上。

第59行： B线15下，B线4上，A线36下，B线4上，B线15下。

第60行： B线15上，B线4下，A线36上，B线4下，B线15上。

第61行： B线13下，B线3上，A线42下，B线3上，B线13下。

第62行： B线13上，B线3下，A线42上，B线3下，B线13上。

第63行： B线11下，B线2上，A线48下，B线2上，B线11下。

第64行： B线11上，B线2下，A线48上，B线2下，B线11上。

第65行： B线9下，B线1上，A线54下，B线1上，B线9下。

第66行： B线9上，B线1下，A线54上，B线1下，B线9上。

第67行（加）： B线2下并1，B线5

下，A线60下，B线5下，B线2下并1.（共72针）
第68行：B线3上，A线66上，B线3上。
第69行：整行更换为A线，*2下并1，6下*，从*起重复编织至行尾。（共63针）
第70行：全上针。
第71行（减）：*2下并1，5下*，从*起重复编织至行尾。（共54针）
第72行：全上针。
第73行（减）：*2下并1，4下*，从*起重复编织至行尾。（共45针）
第74行：全上针。
第75行（减）：*2下并1，3下*，从*起重复编织至行尾。（共36针）
第76行：全上针。
第77行（减）：*2下并1，2下*，从*起重复编织至行尾。（共27针）
第78行：全上针。
第79行（减）：*2下并1，1下*，从*起重复编织至行尾。（共18针）
第80行：全上针。
第81行（减）：整行2下并1。（共9针）
第82行：全上针。
第83行：使用8mm棒针收针。

鼻子下片

用4mm双头棒针挑起相邻两行的20针，剪断行间的渡线。
从前针上挑1针至后针。使用A线织2上并1，选用5mm棒针整行重复编织。编织过程中切记减针区域应正对自己。各针照此重复操作。（共20针）

第1行（加）：*下扭，4下*，从*起重复编织至行尾。（共24针）
第2行：B线1上，A线22上，B线1上。
第3行：B线2下，A线20下，B线2下。
第4行：B线3上，A线18上，B线3上。
第5行：B线4下，A线16下，B线4下。
第6行：C线1上，B线5上，A线12上，B线5上，C线1上。
第7行：C线2下，B线6下，A线8下，B线6下，C线2下。
第8行：C线3上，B线7上，A线4上，B线7上，C线3上。
第9行：C线4下，B线16下，C线4下。
第10行：C线5上，B线14下，C线5上。
第11行（减）：C线2下并1，C线4下，B线2下并1，B线4下，B线2下并1，B线4下，C线2下并1，C线4下。（共20针）
第12行：C线6上，B线8上，C线6上。
第13行（减）：C线2下并1，C线3下，C线2下并1，C线1下，B线2下，B线2下并1，B线1下，C线2下，C线2下并1，C线3下。（共16针）
第14行：C线7上，B线2上，C线7上。
第15行（减）：C线*2下并1，2下*，从*起重复编织至行尾。（共12针）
第16行：全上针。
第17行（减）：*2下并1，1下*，从*起重复编织至行尾。（共8针）
第18行：全上针。
第19行（减）：整行2下并1。（共4针）
收针。

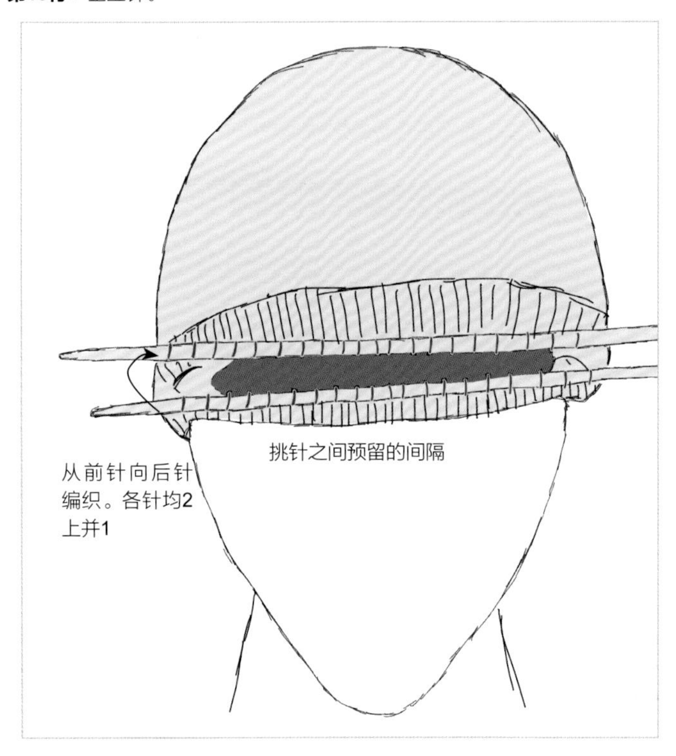
挑针之间预留的间隔
从前针向后针编织。各针均2上并1

毛圈帽垂

从狼身背片的收针边上均匀挑出17针。建议选用操作更加方便的4mm棒针，之后会改用D线和7mm棒针继续编织。
第1行： 全下针。
第2行（加）： 下扭下，15下，下扭下。（共21针）
第3行（加）： 下扭下，19下，下扭下。（共25针）
第4行（加）： 下扭下，23下，下扭下。（共29针）
第5行（加）： 下扭下，27下，下扭下。（共33针）
第6行（加）： 下扭下，31下，下扭下。（共37针）
第7行（加）： 下扭下，35下，下扭下。（共41针）
第8行（加）： 下扭下，39下，下扭下。（共45针）
持续织正面全下针至织片达到17cm。
第1行： 22下，将剩余23针移至麻花针上。
第2行（减）： 2下并1，织下针至行尾。（共21针）
第4行（减）： 2下并1，织下针至行尾。（共20针）
第5行： 全下针。
按照上面2行的方法再重复编织7次，直至仅余13针。
持续织正面全下针至织片达到40cm，收针。
将未编织的23针移回织针上。
第1行（减）： 2下并1，织下针至行尾。（共22针）
第2行： 全下针。
第3行（减）： 2下并1，织下针至行尾。（共21针）
第4行： 全下针。
按照上面4-5行的方法再重复编织8次至仅余13针。
持续织正面全下针至织片达到40cm后收针。

耳朵前片

织2片
使用5mm棒针和A线，以手指绕线起针法（参见技法指南）起18针，完成第1行。
第2行： 全上针。
第3行： A线8下，C线2下，A线8下。
第4行： A线7上，A线4上，A线7上。
第5行： A线6下，C线6下，A线6下。
第6行： A线5上，C线8上，A线5上。
第7行（减）： A线2下并1，A线2下，C线2下，C线2下并1，C线4下，C线2下并1，C线1下，A线3下。（共15针）
第8行： A线3上，C线9上，A线3上。
第9行： A线3下，C线9下，A线3下。
第10行： A线3上，C线9上，A线3上。
第11行： A线3下，C线9下，A线3下。
第12行： A线3上，C线9上，A线3上。
第13行（减）： A线2下并1，A线2下，C线1下，C线2下并1，C线3下，C线2下并1，A线3下。（共12针）
第14行： A线3上，C线6上，A线3上。
第15行： A线3下，C线6下，A线3下。
第16行： A线3上，C线6上，A线3上。
第17行（减）： A线2下并1，A线2下，C线2下并1，C线2下，A线2下并1，2下。（共9针）
第18行： A线3上，C线3上，A线3上。
第19行（减）： 整行均采用A线。*2下并1，1下*，从*起重复编织至行尾。（共6针）
第20行： 全上针。
第21行（减）： 整行织2下并1。（共3针）
将线剪断，预留一段长长的线头，穿过剩余各针并收紧开口。线头藏缝。

耳朵后片

织2片。
使用5mm棒针和A线，以手指绕线起针法（参见技法指南）起18针，完成第1行。
第2行： 全上针。
4行正面全下针。
第7行（减）： *2下并1，4下*，从*起重复编织至行尾。（共15针）
5行正面全下针。
第13行（减）： *2下并1，3下*，从*起重复编织至行尾。（共12针）
3行正面全下针。
第17行（减）： *2下并1，2下*，从*起重复编织至行尾。（共9针）
第18行： 全上针。
第19行（减）： *2下并1，1下*，从*起重复编织至行尾。（共6针）
第20行： 全上针。
第21行（减）： 整行织2下并1。（共3针）
将线剪断，预留一段长长的线头，穿过剩余各针并收紧开口。线头藏缝。

缝合

将两片鼻子、帽子底托和狼身背片反面朝上。从鼻端（渡线一侧）任一侧用珠针固定。

使用相应颜色的线进行缝合。从返口处翻回正面并在制作完成的鼻子部位塞入填充棉。此时，狼身背片将盖在底托上，毛圈帽垂从狼身背片上垂下。使用A线将狼身背片的收针边与帽子底托缝合。

使用珠针将毛圈帽垂沿起伏针织边自然固定在帽子底托上，狼的面颊部位可盖住帽垂。将帽子边缘的绝大部分与毛圈帽垂衔接起来，只在帽垂边缘与鼻子间留出13cm的间距。使用A线，以回针缝将帽垂与帽子缝合。（参见技法指南）

接着将35g填充棉均匀塞入狼的头部。利用黑色不织布剪出2片眼睛和1片鼻子。将眼睛对折，在中心剪开一条小缝隙，用于安全眼睛的安装。然后将两片眼睛放置在距离浅灰色区域起始点8.5cm处，（距离起针边12cm处）眼睛底部的顶点与脸部深灰色边缘相距0.5cm，眼睛顶点距离边缘2.5cm。将眼睛固定结实，可使用棉线或布用胶加固。然后将鼻子固定在浅灰色起始边中心位置。使用少量黑色粗毛线在脸部两侧各钉缝几处胡须装饰。

将1片前耳和1片后耳，使用A线，以平纹对缝（参见技法指南）缝合。每只耳朵塞入5g填充棉。在距离起针25cm处，将两片耳朵分别固定在深灰色织边上，距离脸颊侧面8.5cm。

最后将脸颊底部与毛圈帽垂沿鼻部缝合，切记选用相应颜色的缝合线，回针缝合时保持线迹齐整。

辫穗

剪出54条毛圈线，每条30cm。取3条线，在一端打结后编成小辫。底部保留一小段不编，打结系紧。使用大号缝针和毛圈花式线在两片毛圈帽垂底边各缝9条辫穗，辫穗间保持等间距。

耳朵距离深灰色顶点25cm，距离脸颊起始边8.5cm。

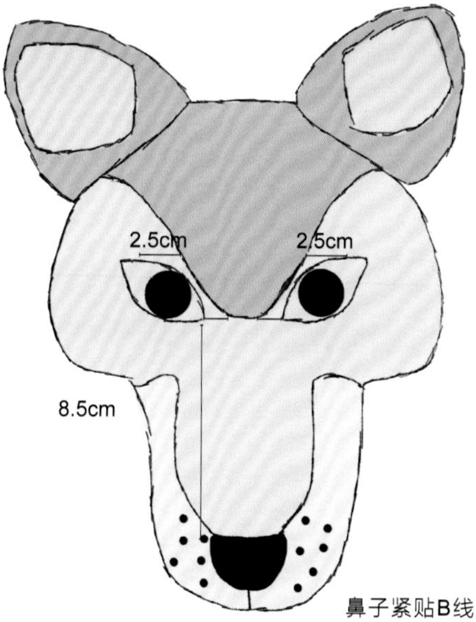

2.5cm
2.5cm
8.5cm

鼻子紧贴B线起始边底部

最后别忘记缝辫穗哦！我们还可以为帽垂添加丰富的装饰。几片羽毛或几颗珠子会令帽饰更具原始味道。

鳄鱼化妆包

难度级别

中级

炫酷的鳄鱼包包！这款设计感十足的鳄鱼化妆包不仅体现出我们对动物的关爱，而且容量足够大，从今以后再也不用担心睫毛膏没处放啦！

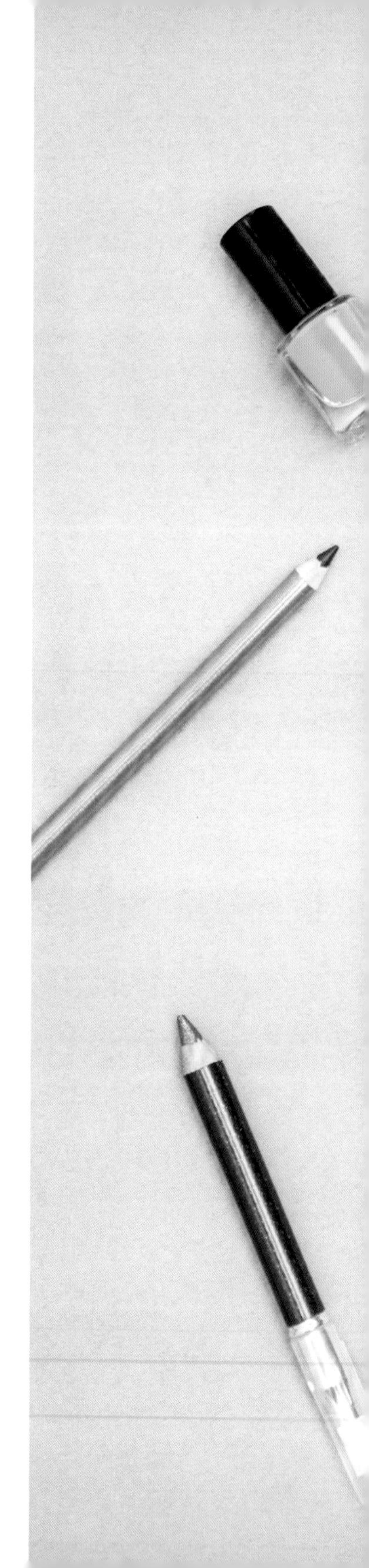

材料

A Sincerely Louise毛线，沼泽色×1团
（225m/团，100g/团）
4mm棒针
麻花针
30cm×46cm黑色内衬
黑色棉线
布用胶
1对按扣
3cm×1cm黑色不织布眼睛
1cm×1cm黑色不织布鼻孔
鳄鱼眼睛与鼻孔图纸（参见图纸页）

成品尺寸

21cm×14cm

编织密度

22针×30行=10cm×10cm

编织技法

手指绕线起针法
平纹对缝
回针缝

包袋主体

使用4mm棒针，以手指绕线起针法（参见技法指南）起57针。
开始根据图示（见P56、P57）编织。空白方格代表下针，黑色圆点方格代表上针。
根据图示编织前90行。
第91行： 收18针，2下，1上，4下，1上，4下，1上，4下，1上，3下，1上，4下，1上，3下，1上，4下，4上。（共39针）
第92行： 上针方向收18针，3上，1下，4上，1下，4上，1下，4上，1下，2上。（共21针）
第93行： 2下，1上，4下，1上，4下，9上。
第94行： 3上，1下，4上，13下。
第95行（减）： 右下2并针，1下，1上，3下，1上，4下，1上，4下，1上，1下，2下并1。（共19针）
第96行： 2上，1下，4上，1下，4上，1下，3上，1下，2上。
第97行（减）： 右下2并针，1上，3下，1上，4下，1上，4下，1上，2下并1。（共17针）
第98行： 全下针。
第99行： 1下，1上，2下，2上，6下，2上，2下，1上，1下。
第100行： 1上，1下，2上，2下，5上，2下，2上，1下，1上。
第101行： 1下，1上，2下，2上，5下，2上，2下，2上。
第102行： 1上，1下，2上，2下，5上，6下。
第103行： 2上，3下，2上，5下，5上，1下。
第104行： 1上，1下，2上，2下，5上，2下，2上，2下。
第105行： 2上，2下，2上，5下，2上，2下，1上，1下。
第106行： 6下，5上，6下。
第107行： 3下，3上，5下，3上，3下。
第108行： 3上，3下，5上，3下，3上。
第109行： 3下，3上，5下，3上，3下。
第110行： 3上，3下，5上，3下，3上。
第111行： 3下，3上，5下，3上，3下。
第112行： 3上，3下，5上，3下，3上。
第113行： 3下，3上，5下，3上，3下。
第114行： 6下，5上，6上。
第115行： 3下，3上，5下，3上，3下。
第116行： 3上，3下，5上，3下，3上。
第117行： 3下，3上，5下，3上，3下。
第118行： 3上，4下，3上，4下，3上。
第119行（减）： 右下2并针，1下，4上，4下，4上，1下，2下并1。（共15针）
第120行： 3上，3下，3上，3下，3上。
第121行（减）： 右下2并针，1下，3上，3下，3上，1下，2下并1。（共13针）
第122行： 3上，2下，3上，2下，3上。
第123行（减）： 右下2并针，1下，2上，3下，2上，1下，2下并1。（共11针）
第124行： 3上，2下，1上，2下，3上。
第125行（减）： 右下2并针，1下，2上，1下，2上，1下，2下并1。（共9针）
第126行： 2上，2下，1上，2下，2上。
第127行： 2下，2上，1下，2上，2下。
第128行： 2上，2下，1上，2下，2上。
第129行： 2下，2上，1下，2上，2下。
第130行： 2上，2下，1上，2下，2上。
第131行： 2下，2上，1下，2上，2下。
第132行： 2上，5下，2上。
第133行： 3下，3下，3上。
第134行： 全上针。
第137行（减）： *2下并1*，从*起重复至行尾。（共3针）
第138行： 全上针。
第139行（加）： *下扭*，从*起重复至行尾。（共6针）
第140行： 全上针。
第141行（加）： *下扭，1下*，从*起重复至行尾。（共9针）

9行正面全下针。
第151行（加）： 下扭，7下，下扭。（共11针）
第153行（加）： 下扭，9下，下扭。（共13针）
第154行： 全上针。
第155行（加）： 下扭，11下，下扭。（共15针）
第156行： 全上针。
第157行（加）： 下扭，13下，下扭。（共17针）
21行正面全下针。
第179行（加）： 下扭，15下，下扭。（共19针）
第181行（加）： 下扭，17下，下扭。（共21针）
第183行： 全下针。
第184行： 上针方向起18针。（共39针）
第185行： 起18针。（共57针）
第187行： 全下针。
第189行： 全下针。
第191行： 全下针。
收针。

腿部

织2片
使用4mm棒针，以手指绕线起针法（参见技法指南）起12针，完成第1行。
第2行： 全上针。
第3行： *1下，1上*，从*起重复至行尾。
按照第3行的方法再重复编织4次。
第8行（减）： 2下并1，8下，2下并1。（共10针）
第9行： *1下，1上*，从*起重复至行尾。
按照第9行的方法再重复编织4次。
第14行（减）： 2下并1，6下，2下并1。（共8针）
第15行： *1下，1上*，从*起重复至行尾。
按照第15行的方法再重复编织4次。
第30行： *下扭，1下*，从*起重复至行尾。（共12针）
第31行： 3下，翻面，剩余9针移至麻花针上。
第32行： 全上针。
第33行： 全下针。
第34行： 全上针。
第35行： 全下针。
第36行（减）： 3上并1。
将线剪断，预留一段长长的线头，穿过剩余各针并收紧开口。线头藏缝。

爪子

挑起第21行麻花针上的9针。
按照第21-24行的方法重复编织4次，第1次挑9针，第2次挑6针，第3次3针。这样便塑造出爪子形状。

根据图示编织时，建议每织1行划掉1行，以免串行。

缝合

将鳄鱼化妆包各织片进行整理，线尾藏缝。化妆包平放，取出黑色内衬，裁剪一片与鳄鱼身体部分相同大小的长方形。保留两片脸部织片不加内衬。将内衬固定在织片背面，用黑色棉线缝合。

将缝好内衬的身体部分对折，正面朝内相对。两侧边缝合。将头部回折（反面朝内），珠针固定后采用平纹对缝（参见技法指南）缝合。之后将附加的起针边固定在化妆包内衬上。使用黑色棉线，以回针缝（参见技法指南）小心缝合收针边与内衬。在包包拐角处加缝数针固定紧实。

将包包翻回正面，内衬朝里。使用A线，将按扣缝合在包包底部正中，距离包底和鳄鱼脸部3.5cm。此时，鳄鱼脸部构成的包盖应刚好遮盖住包口，一对按扣可轻松开合。

将腿部放置在包包前片，距离顶边2cm。使用图纸在黑色不织布上剪出2片眼睛和2片鼻孔（参见图纸页）。2片眼睛放置在距离脸部底端8cm处，两眼间距为1cm。2片眼睛会盖住两条上针编织的棱纹，呈微八字形。鼻孔则位于鼻子底端，呈倒八字形。最后用黑色棉线缝合。

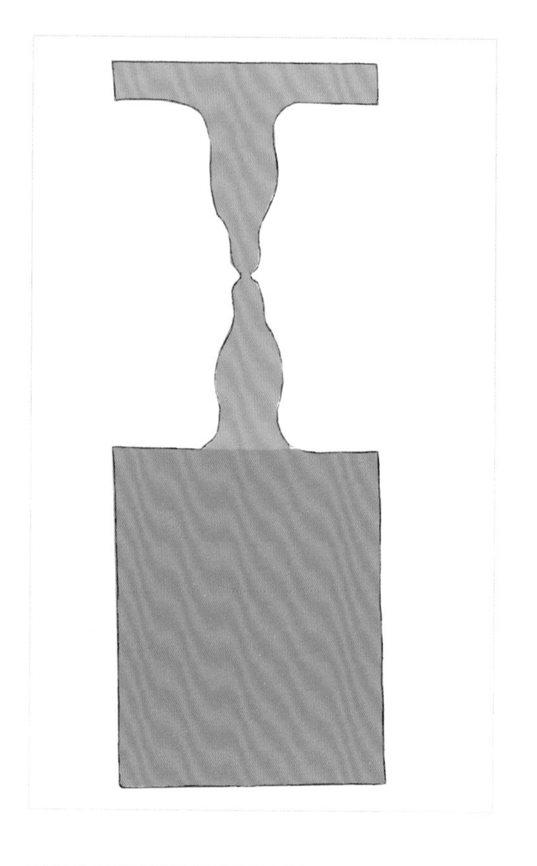

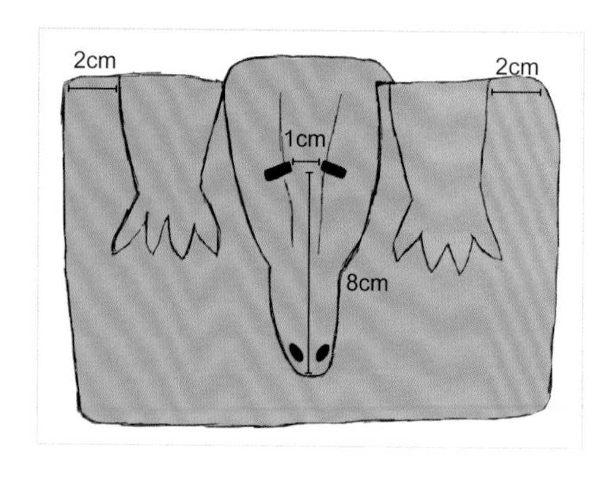

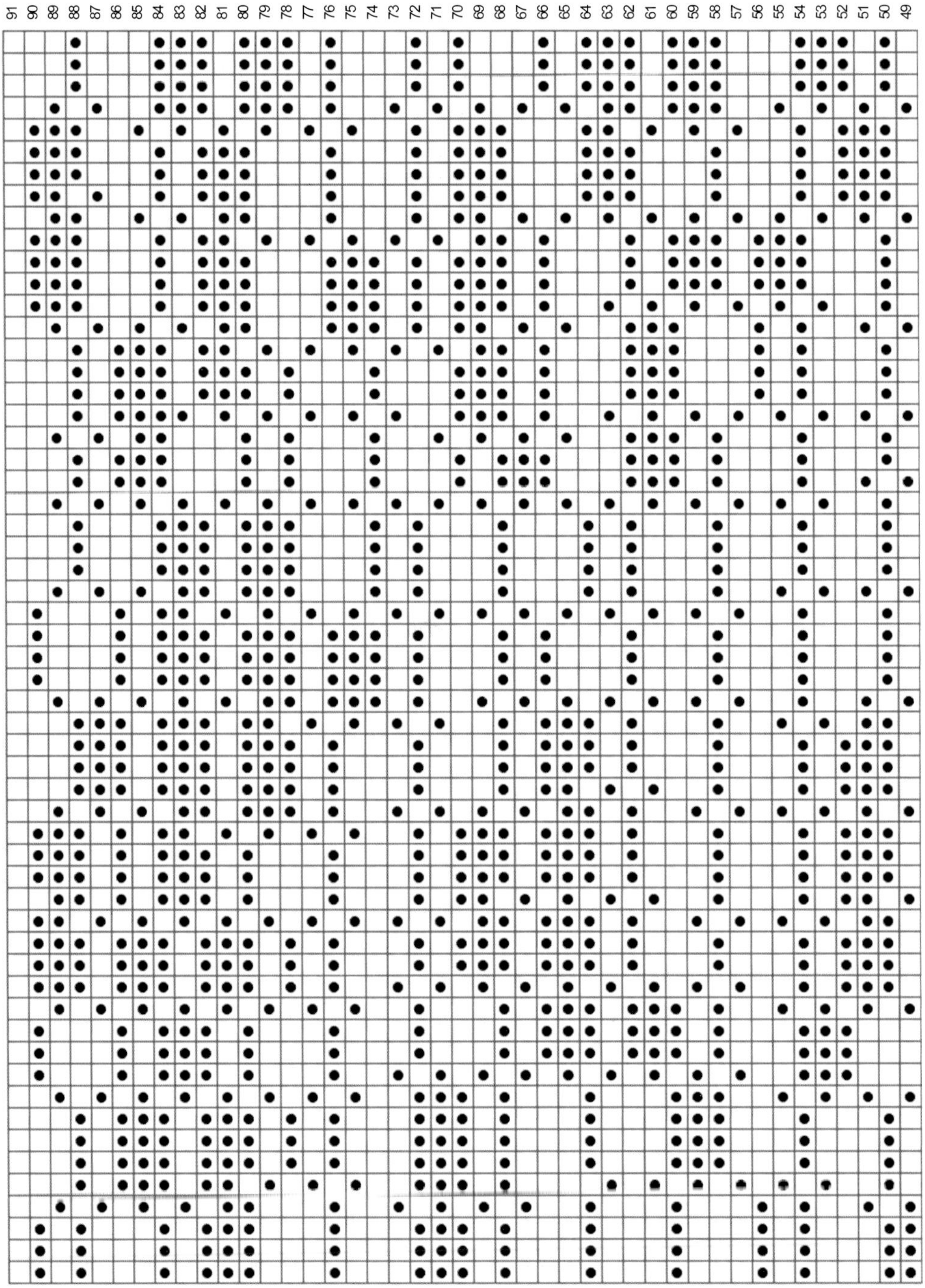

91 90 89 88 87 86 85 84 83 82 81 80 79 78 77 76 75 74 73 72 71 70 69 68 67 66 65 64 63 62 61 60 59 58 57 56 55 54 53 52 51 50 49

编织图示

下针 □

上针 □•

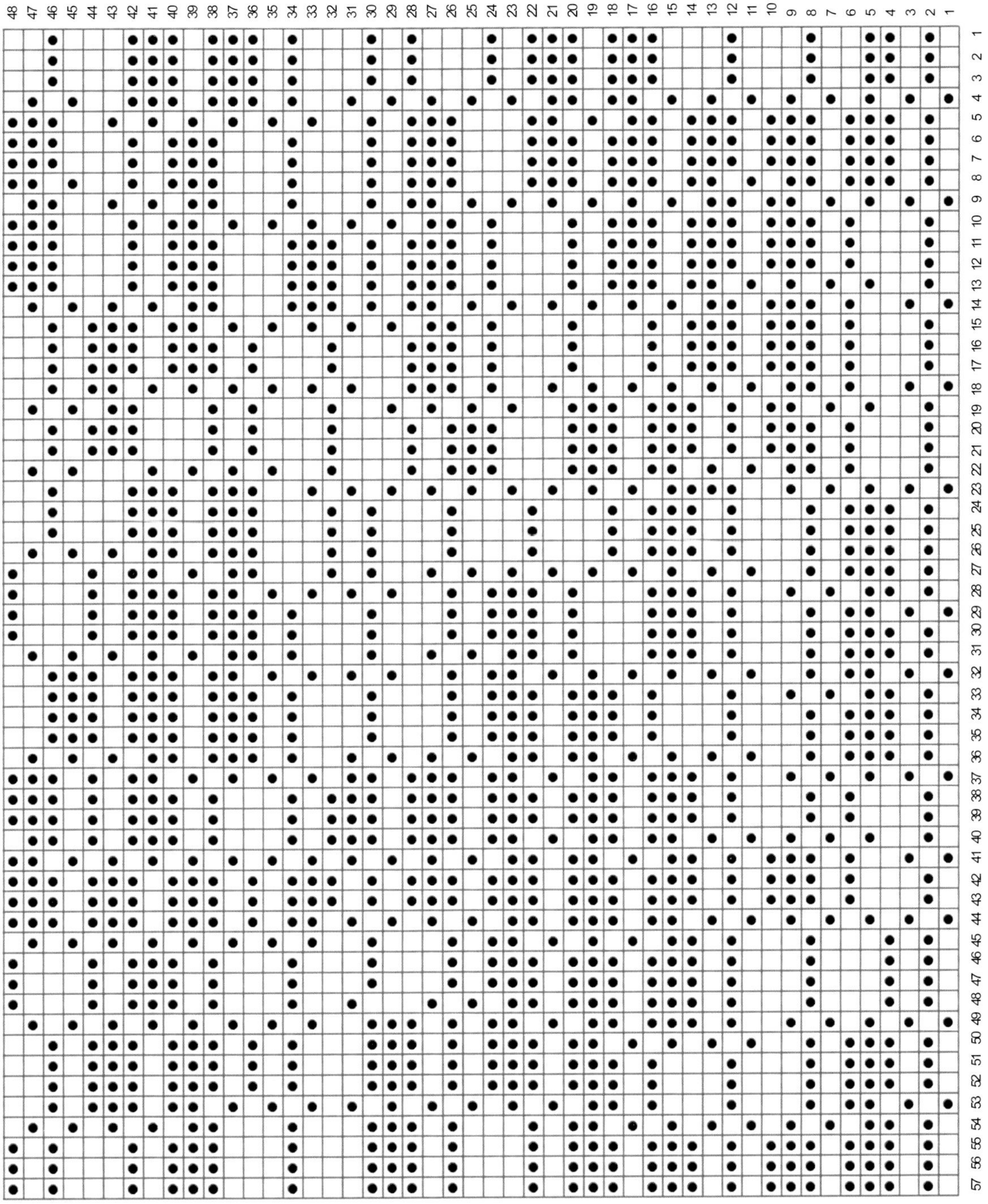

48	47	46	45	44	43	42	41	40	39	38	37	36	35	34	33	32	31	30	29	28	27	26	25	24	23	22	21	20	19	18	17	16	15	14	13	12	11	10	9	8	7	6	5	4	3	2	1	
		●				●	●	●		●	●	●		●				●		●				●		●	●	●		●	●	●				●				●			●	●		●		1
		●				●	●	●		●	●	●		●				●		●				●		●	●	●		●	●	●				●				●			●	●		●		2
		●				●	●	●		●	●	●		●				●		●				●		●	●	●		●	●	●				●				●			●	●		●		3
	●		●			●	●	●		●	●	●		●			●		●		●		●		●		●	●		●	●		●		●		●		●		●		●		●		●	4
●	●	●			●		●		●		●		●		●			●		●	●	●				●	●		●		●	●		●	●	●		●	●	●		●	●	●		●		5
●	●	●				●		●	●	●				●				●		●	●	●				●	●	●		●	●	●		●	●	●		●	●	●		●	●	●		●		6
●	●	●				●		●	●	●				●				●		●	●	●				●	●	●		●	●	●		●	●	●		●	●	●		●	●	●		●		7
●	●		●			●		●	●	●				●				●		●	●	●				●	●	●		●	●	●		●	●		●		●	●		●	●	●		●		8
	●	●			●		●		●	●				●				●		●	●		●		●		●		●		●		●		●	●		●	●		●		●		●		●	9
●	●	●				●		●	●		●		●		●		●		●		●	●		●				●		●	●	●		●	●	●		●	●	●		●				●		10
●	●	●				●		●	●	●				●	●	●		●		●	●	●		●				●		●	●	●		●	●	●		●	●	●		●				●		11
●	●	●				●		●	●	●				●	●	●		●		●	●	●		●				●		●	●	●		●	●		●		●		●		●			●		12
●	●	●				●		●	●	●				●	●	●		●		●	●	●		●				●		●	●	●		●	●		●		●		●		●			●		13
	●		●		●		●		●	●				●	●	●		●		●	●		●		●		●		●		●		●		●	●		●	●	●		●			●		●	14
		●		●	●	●		●	●		●		●		●		●		●		●	●		●				●				●		●	●	●		●	●	●		●				●		15
		●		●	●	●		●	●	●		●				●				●	●	●		●				●				●		●	●	●		●	●	●		●				●		16
		●		●	●	●		●	●	●		●				●				●	●	●		●				●				●		●	●	●		●	●	●		●				●		17
		●		●	●		●		●		●		●		●		●			●	●	●		●			●		●		●		●		●		●		●	●		●			●		●	18
	●		●		●	●				●		●				●			●		●		●		●			●	●	●		●	●	●		●		●	●		●		●			●		19
		●		●	●	●				●		●				●				●		●	●	●				●	●	●		●	●	●		●		●	●	●		●				●		20
		●		●	●	●				●		●				●				●		●	●	●				●	●	●		●	●	●		●		●	●	●		●				●		21
	●		●				●		●		●		●			●				●		●	●	●				●	●	●		●	●		●		●		●	●		●				●		22
		●				●	●	●		●	●	●			●		●		●		●		●		●		●		●		●		●	●	●	●			●		●		●		●		●	23
		●				●	●	●		●	●	●				●		●				●				●				●		●	●	●		●				●		●	●	●		●		24
		●				●	●	●		●	●	●				●		●				●				●				●		●	●	●		●				●		●	●	●		●		25
	●		●		●		●	●		●	●	●				●		●				●				●				●		●	●	●		●				●		●	●	●		●		26
●				●		●	●		●		●	●				●		●			●		●		●		●		●		●		●		●		●			●		●	●	●		●		27
●				●		●	●	●		●	●		●		●		●		●			●		●	●	●		●				●	●	●		●			●		●		●	●		●		28
●				●		●	●	●		●	●	●		●				●				●		●	●	●		●				●	●	●		●				●		●	●		●		●	29
●				●		●	●	●		●	●	●		●				●				●		●	●	●		●				●	●	●		●				●		●	●	●		●		30
	●		●		●		●		●		●	●		●				●			●		●		●	●		●				●	●	●		●				●		●	●	●		●		31
		●	●	●		●	●	●		●	●		●		●		●		●			●		●	●		●		●		●		●		●		●			●		●	●		●		●	32
		●	●	●		●	●	●		●	●	●		●				●				●		●	●	●		●	●	●		●				●			●		●		●	●		●		33
		●	●	●		●	●	●		●	●	●		●				●				●		●	●	●		●	●	●		●				●				●		●	●	●		●		34
		●	●	●		●	●	●		●	●	●		●				●				●		●	●	●		●	●	●		●				●				●		●	●	●		●		35
	●		●		●		●	●		●	●	●		●			●		●		●		●		●	●		●	●		●		●		●		●			●		●	●	●		●		36
●	●	●		●		●	●		●		●		●		●		●	●		●	●	●		●	●		●		●	●		●	●	●		●			●		●		●		●		●	37
●	●	●		●		●	●	●		●				●		●	●	●		●	●	●		●	●	●		●	●	●		●	●	●		●				●		●				●		38
●	●	●		●		●	●	●		●				●		●	●	●		●	●	●		●	●	●		●	●	●		●	●	●		●				●		●				●		39
	●	●		●		●	●	●		●				●		●	●	●		●	●	●		●	●		●		●	●		●	●		●		●		●		●		●			●		40
●	●		●		●		●		●		●		●		●		●		●		●		●		●	●		●	●		●		●	●		●		●	●	●		●			●		●	41
●	●	●		●	●	●		●	●	●		●		●	●	●		●		●	●	●		●	●	●		●	●	●		●	●	●		●		●	●	●		●				●		42
●	●	●		●	●	●		●	●	●		●		●	●	●		●		●	●	●		●	●	●		●	●	●		●	●	●		●		●	●	●		●				●		43
●	●	●		●	●	●		●	●	●		●		●	●		●		●		●		●		●	●		●	●	●		●	●		●		●		●		●		●		●		●	44
	●		●		●		●		●		●		●		●			●				●		●	●		●		●		●		●	●		●				●				●		●		45
●				●		●	●	●		●				●				●				●		●	●	●		●	●	●		●	●	●		●				●				●		●		46
●				●		●	●	●		●				●				●				●		●	●	●		●	●	●		●	●	●		●				●				●		●		47
●				●		●	●	●		●				●			●				●		●		●	●		●	●	●		●	●	●		●				●				●		●		48
	●		●		●		●		●		●		●		●			●	●	●		●		●	●		●		●	●		●	●	●		●			●		●		●		●		●	49
		●		●	●	●		●	●	●		●		●				●	●	●		●		●	●	●		●	●		●		●		●		●		●			●		●	●	●		●		50
		●		●	●	●		●	●	●		●		●				●	●	●		●		●	●	●		●	●	●		●				●				●		●	●	●		●		51
		●		●	●	●		●	●	●		●		●				●	●	●		●		●	●	●		●	●	●		●				●				●		●	●	●		●		52
		●		●	●	●		●	●		●		●		●		●		●		●		●		●		●		●	●		●				●				●		●	●		●		●	53
	●		●		●		●		●	●				●				●	●	●		●				●		●	●		●		●		●		●		●		●			●	●		●		54
●		●				●		●	●	●				●				●	●	●		●				●		●	●	●		●	●	●		●		●	●	●		●	●	●		●		55
●		●				●		●	●	●				●				●	●	●		●				●		●	●	●		●	●	●		●		●	●	●		●	●	●		●		56
●		●				●		●	●	●				●				●	●	●		●				●		●	●	●		●	●	●		●		●	●	●		●	●	●		●		57

家居用品

麋鹿壁挂

难度级别

中级

这款鹿头壁挂堪称编织类里仿动物标本的代表作。如果你仔细观察，滑稽又可爱的面容下似乎还隐藏着一丝坏笑，只需会织上下针等基础针法便可实现。

材料

A Sincerely Louise毛线，Aran Bluefaced Leicester系列，驼色×2团
（225m/团，100g/团）
B Sincerely Louise毛线，Aran Bluefaced Leicester系列，芥末色×1团
（225m/团，100g/团）
4.5mm棒针
30mm黑色安全眼睛×2枚
4cm×6cm黑色不织布鼻孔×2片
黑色缝线或布用胶水
麋鹿和麋鹿鼻孔图纸（参见图纸页）
2mm硬纸板
116cm花艺铁丝×2根
250g填充棉成品尺寸

成品尺寸

67cm×30cm×28cm

编织密度

19针×24行=10cm×10cm

编织技法

手指绕线起针法
平纹对缝

面部

利用4.5mm棒针和A线，以手指绕线起针法（参见技法指南）起4针，完成第1行。
第2行： 全上针。
第3行（加）： 整行织下扭。（共8针）
第4行： 全上针。
第5行（加）： 整行织下扭。（共16针）
第6行： 全上针。
第7行（加）： *下扭，1下*，从*起重复至行尾。（共24针）
第8行： 全上针。
第9行（加）： *下扭，2下*，从*起重复至行尾。（共32针）
第10行： 全上针。
第11行（加）： *下扭，3下*，从*起重复至行尾。（共40针）
第12行： 全上针。
第13行（加）： *下扭，4下*，从*起重复至行尾。（共48针）
第14行： 全上针。
第15行（加）： *下扭，5下*，从*起重复至行尾。（共56针）
织35行正面全下针。
第51行（加）： 下扭，54下，下扭。（共58针）
第52行： 全上针。
第53行（加）： 1下，下扭，54下，下扭，1下。（共60针）
第54行： 全上针。
第55行（加）： 2下，下扭，54下，下扭，2下。（共62针）
第56行： 全上针。
第57行（加）： 3下，下扭，54下，下扭，3下。（共64针）
第58行： 全上针。
第59行（加）： 4下，下扭，54下，下扭，4下。（共66针）
第60行： 全上针。
第61行（加）： 5下，下扭，54下，下扭，5下。（共68针）
第62行： 全上针。
第63行（加）： 6下，下扭，54下，下扭，6下。（共70针）
第64行： 全上针。
第65行（减）： 7下，下扭，［2下并1，1下］×18，下扭，7下。（共54针）
第66行： 全上针。
第67行（加）： 8下，下扭，36下，下扭，8下。（共56针）
第68行： 全上针。
第69行（加）： 9下，下扭，［下扭，5下］×6，下扭，9下。（共64针）
第70行： 全上针。
第71行（加）： 10下，下扭，42下，下扭，10下。（共66针）
第72行： 全上针。
第73行（加）： 11下，下扭，［下扭，6下］×6，下扭，11下。（共74针）
第74行： 全上针。
第75行（加）： 12下，下扭，48下，下扭，12下。（共76针）
第76行： 全上针。
第77行（加）： 13下，下扭，［下扭，7下］×6，下扭，13下。（共84针）
第78行： 全上针。
第79行（加）： 14下，下扭，54

下，下扭，14下。（共86针）
第80行： 全上针。
第81行（加）： 15下，下扭，54下，下扭，15下。（共88针）
第82行： 全上针。
第83行（加）： 16下，下扭，54下，下扭，16下。（共90针）
第84行： 全上针。
第85行（加）： 17下，下扭，54下，下扭，17下。（共92针）
第86行： 全上针。
第87行（加）： 18下，下扭，54下，下扭，18下。（共94针）
织15行正面全下针。
第103行（减）： 18下，2下并1，54下，2下并1，18下。（共92针）
第104行： 全上针。
第105行（减）： *2下并1，2下*，从*起重复至行尾。（共69针）
织3行正面全下针。
第109行（减）： *2下并1，1下*，从*起重复至行尾。（共46针）
第110行： 全上针。
第111行： 全下针。
第112行： 全上针。
第113行（减）： *2下并1*，从*起重复至行尾。（共23针）
第114行： 全上针。
第115行（减）： ［2下并1］×11，1下。（共12针）
第116行： 全上针。
收针。

底片

按照面部的方法编织至第50行。
织12行正面全下针。
第63行（加）： *下扭，6下*，从*起重复至行尾。（共64针）
织3行正面全下针。
第67行（加）： *下扭，7下*，从*起重复至行尾。（共72针）
织3行正面全下针。
第71行（加）： *下扭，8下*，从*起重复至行尾。（共80针）
织3行正面全下针。
第75行（加）： *下扭，9下*，从*起重复至行尾。（共88针）
织5行正面全下针。
第81行（加）： *下扭，10下*，从*起重复至行尾。（共96针）
第82行： 全上针。
织8行正面全下针。
收针。

鹿角

按照两种鹿角图案各编织2片，因为两种图案成对称状，1片前片和1片后片构成1对。
织2片（1×前片，1×后片）
利用4.5mm棒针和B线，以手指绕线起针法（参见技法指南）起10针，完成第1行。
第2行：全上针。
第3行：全下针。
第4行：全上针。
织2行正面全下针。
第15行（加）：8下，下扭，1下。（共11针）
织5行正面全下针。
第21行（加）：9下，下扭，1下。（共12针）
第22行：全上针。
第23行（加）：10下，下扭，1下。（共13针）
第24行：起4针，整行织上针。（共17针）
第25行（加）：1下，下扭，13下，下扭，1下。（共19针）
第26行：起2针，整行织上针。（共21针）
织6行正面全下针。
第33行（减）：18下，2下并1，1下。（共20针）
第34行：上针方向收4针，整行织上针。（共16针）
第35行（减）：13下，2下并1，1下。（共15针）
织3行正面全下针。
第39行（加）：13下，下扭，1下。（共16针）
第40行：全上针。
第41行（加）：14下，下扭，1下。（共17针）
第42行：起2针，整行织上针。（共19针）
第43行（加）：17下，下扭，1下。（共20针）
第44行：全上针。
第45行（加）：18下，下扭，1下。（共21针）
第46行：起2针，整行织上针。（共23针）
第47行（加）：21下，下扭，1下。（共24针）
第48行：全上针。
第49行（加）：22下，下扭，1下。（共25针）
第50行：全上针。
第51行（减）：22下，2下并1，1下。（共24针）
第52行：全上针。
第53行（减）：21下，2下并1，1下。（共23针）
第54行：上针方向收4针。（共19针）
第55行（减）：16下，2下并1，1下。（共18针）
第56行：上针方向收2针。（共16针）
第57行（加）：14下，下扭，1下。（共17针）
第58行：全上针。
第59行（加）：15下，下扭，1下。（共18针）
第60行：起2针，整行织上针。（共20针）
第61行（加）：18下，下扭，1下。（共21针）
第62行：起2针，整行织上针。（共23针）
第63行（加）：21下，下扭，1下。（共24针）
第64行：起2针，整行织上针。（共26针）
第65行（加）：24下，下扭，1下。（共27针）
织7行正面全下针。
第73行（减）：1下，2下并1，24下。（共26针）
第74行：全上针。
第75行（减）：收2针，21下，2下并1，1下。（共23针）
第76行：全上针。
第77行（减）：收2针，18下，2下并1，1下。（共20针）
第78行：全上针。
第79行（减）：收2针，15下，2下并1，1下。（共17针）
第80行：上针方向收3针。（共14针）
收针。

反向鹿角

织2片（1×前片，1×后片）
第1行：以手指绕线起针法起10针。
第2行：全上针。
织12行正面全下针。
第15行（加）：1下，下扭，8下。（共11针）
织5行正面全下针。
第21行（加）：1下，下扭，9下。（共12针）
第22行：全上针。
第23行（加）：起5针，整行织下针。（共17针）
第24行：全上针。
第25行（加）：1下，下扭，13下，下扭，1下。（共19针）
第26行：全上针。
第27行（加）：起2针，整行织下针。（共21针）
织5行正面全下针。
第33行（减）：1下，2下并1，18下。（共20针）
第34行：全上针。
第35行：收4针。（共16针）
第36行（减）：1上，2上并1，13上。（共15针）
第37行：全下针。
第38行：全上针。
第39行（加）：1下，下扭，13下。（共16针）
第40行：全上针。
第41行（加）：1下，下扭，14下。（共17针）
第42行：全上针。
第43行：起3针，整行织下针。（共20针）
第44行：全上针。
第45行（加）：1下，下扭，18下。（共21针）
第46行：全上针。
第47行：起3针，整行织下针。（共24针）
第48行：全上针。
第49行（加）：1下，下扭，22下。（共25针）
第50行：全上针。
第51行（减）：1下，2下并1，22下。（共24针）

第52行：全上针。
第53行（减）：1下，2下并1，21下。（共23针）
第54行（减）：1上，2上并1，20上。（共22针）
第55行：收5针，整行织下针。（共17针）
第56行（减）：1上，2上并1，14上。（共16针）
第57行（加）：1下，下扭，14下。（共17针）
第58行：全上针。
第59行：起3针，整行织下针。（共20针）
第60行：全上针。
第61行：起3针，整行织下针。（共23针）
第62行：全上针。
第63行：起3针，整行织下针。（共26针）
第64行：全上针。
第65行（加）：1下，下扭，24下。（共27针）
织5行正面全下针。
第71行（减）：24下，2下并1，1下。（共26针）
第72行：全上针。
第73行（减）：1下，2下并1，23下。（共25针）
第74行：上针方向收2针，整行织上针。（共23针）
第75行（减）：1下，2下并1，20下。（共22针）
第76行：上针方向收2针，整行织上针。（共20针）
第77行（减）：1下，2下并1，17下。（共19针）
第78行：上针方向收2针，整行织上针。（共17针）
第79行（减）：1下，2下并1，14下。（共16针）
第80行：上针方向收2针，整行织上针。（共14针）
收针。

耳朵

织4片
使用4.5mm棒针和A线，以手指绕线起针法（参见技法指南）起14针，完成第1行。
织3行正面全下针。
第5行（加）：1下，下扭，10下，下扭，1下。（共16针）
织3行正面全下针。
第9行（加）：1下，下扭，12下，下扭，1下。（共18针）
织5行正面全下针。
第15行（减）：1下，2下并1，12下，2下并1，1下。（共16针）
第16行：全上针。
第17行（减）：1下，2下并1，10下，2下并1，1下。（共14针）
第18行：全上针。
第19行（减）：1下，2下并1，8下，2下并1，1下。（共12针）
第20行：全上针。
第21行（减）：1下，2下并1，6下，2下并1，1下。（共10针）
第22行：全上针。
第23行（减）：1下，2下并1，4下，2下并1，1下。（共8针）
第24行：全上针。
第25行（减）：1下，2下并1，2下，2下并1，1下。（共6针）
第26行：全上针。
第27行（减）：1下，[2下并1]×2，1下。（共4针）
第28行：全上针。
收针。

缝合

将2个耳朵固定并用平纹对缝（参见技法指南）缝合。轻轻塞入填充棉。

同样采用平纹对缝将麋鹿的面部与底片缝合（为了塑形的需要，底片略短于面部）。在黑色不织布上剪出2片鼻孔，放置在距离起针边3cm处，两鼻孔间距为4cm。

利用黑色棉线或强力布用胶固定。之后将2只眼睛固定在加针形成的两条线上，两眼间距为7cm，距离开口边14cm。耳朵位置应距离开口边2cm，距离麋鹿头部底边22cm，使用A线缝合。

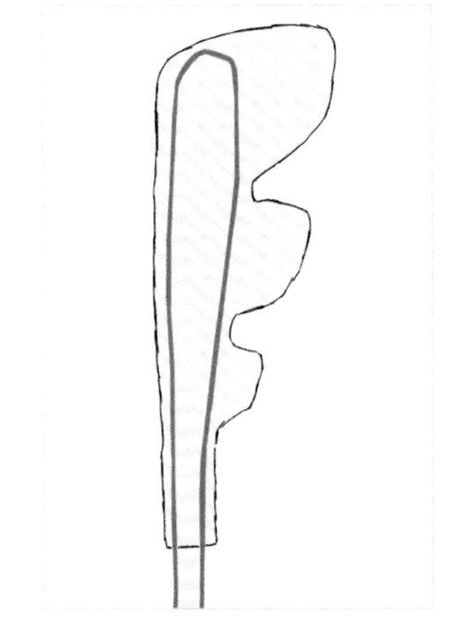

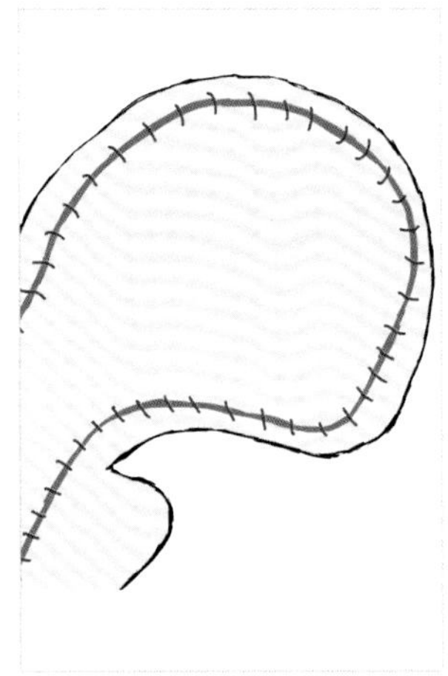

鹿角

2根

将花艺铁丝对折。将鹿角织片反面边缘上翻1cm（鹿角的异形边不翻折），盖住花艺铁丝并缝合固定。将第2片鹿角放在第1片上，使用B线，以平纹对缝缝合。之后塞入填充棉（可借助棒针调整填充棉塑形）。

先将麋鹿头部塞入一半填充棉（塑造出基本形状，但将头顶部分空出）。然后将鹿角固定在距离后侧织边4cm的位置，两根鹿角间距为13cm，与两片耳朵间的距离分别为2cm。两根鹿角放置在麋鹿头部后，将多出的花艺铁丝插入麋鹿头部。然后将麋鹿头内的铁丝弯折，使用A线缝合固定。

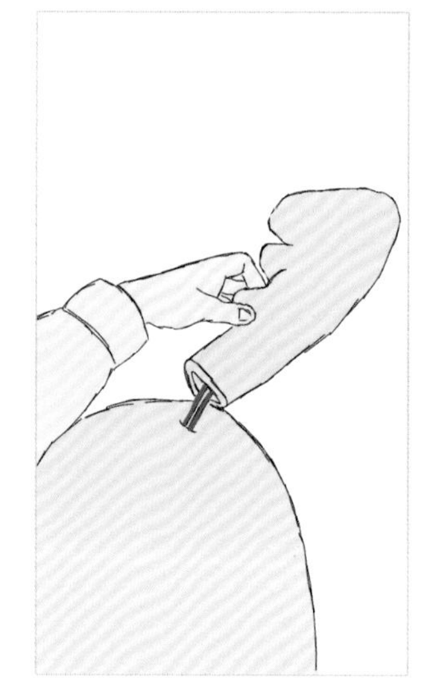

背板缝合

剪2片图纸（参见图纸页），放置在厚纸板上，距离边缘2mm处。沿图纸画出边线并剪下。图纸仍放置在硬纸板上，用大头针扎出图纸上的标记孔。

取下大头针，使用大号缝合针在标记孔内反复穿刺，使洞孔清晰呈现出来。将麋鹿头背部与硬纸板相对，用1.5cm收针边包裹住硬纸板边缘。等间距固定缝一周，注意不要遮挡标记孔。

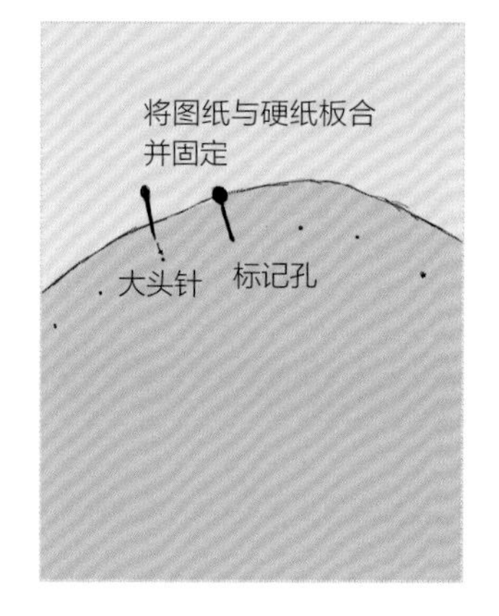

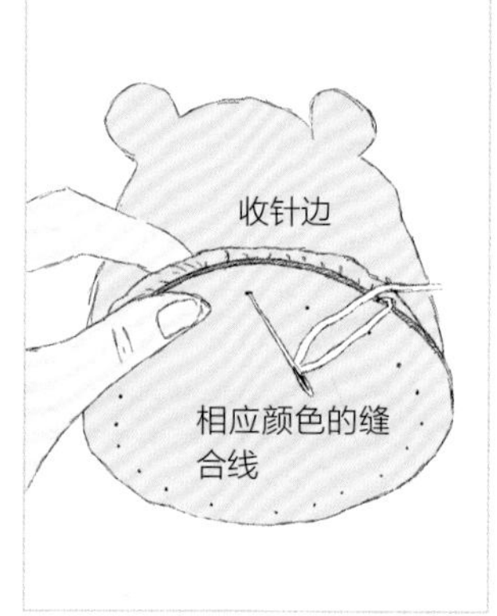

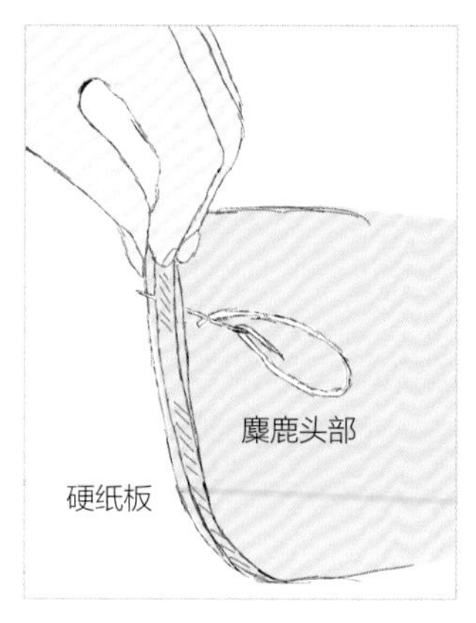

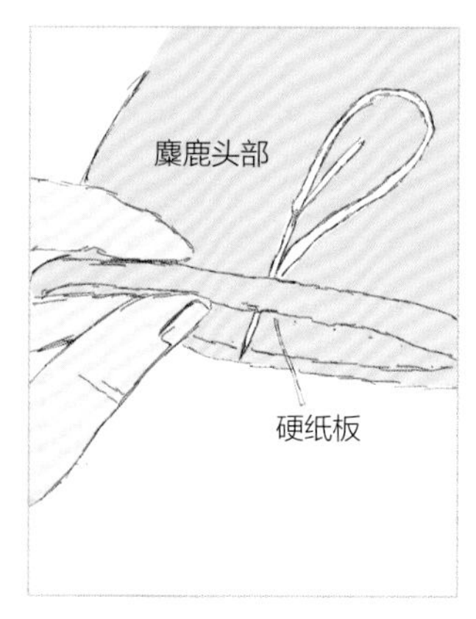

选用相应颜色的缝合线，在顶部标记孔入针，采用贴边缝的方法缝合（将线穿至头部后侧，缝线拉出后保留一段线头，重新穿回头部前侧，将线收紧后继续缝合下一个标记孔）。

按照上述方法，沿麋鹿头部逆时针缝合一周，保留最后1/4不缝合。

之后将第2片背板盖在第1片上，盖住缝合针脚。重复第1片背板的缝合方法，在第1片背板的标记孔上再缝合一周，无须保留开口。此时，麋鹿头部已固定牢固。

取出一小段花艺铁丝穿入顶部标记孔，弯一个环后打结系紧。将尾部缝合在织片上，藏缝线头。

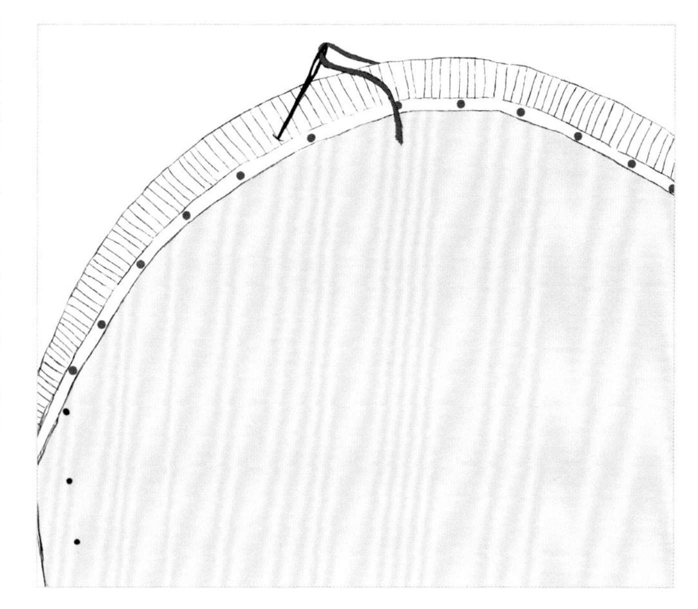

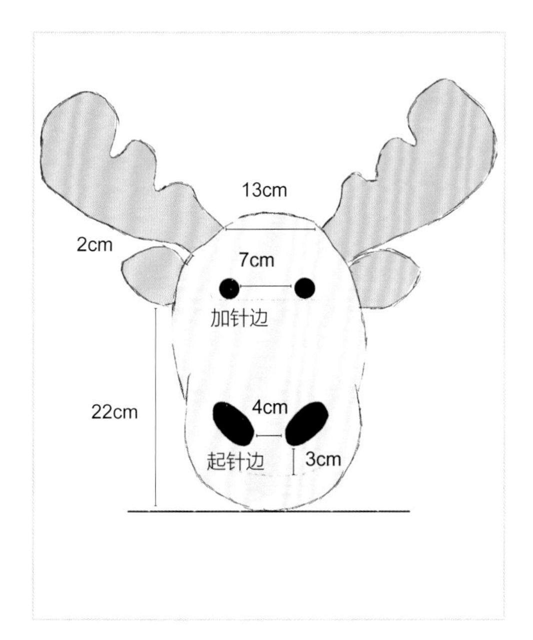

缝接鹿角

使用B线缝合鹿角底边，先将缝针在距离鹿角底边2cm处缝1针，然后直接在下方麋鹿头部入针，间隔适当距离后出针。接着再从上方鹿角2cm处入针，接近起针处出针，将线收紧。按照上述藏针缝的方法，沿鹿角缝合一周，将鹿角紧紧固定。

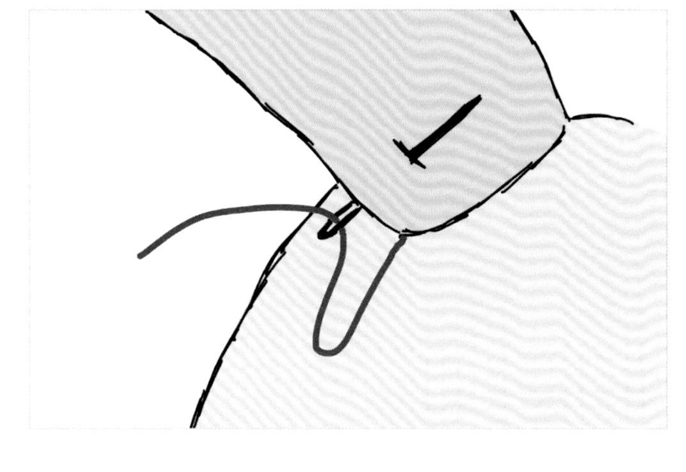

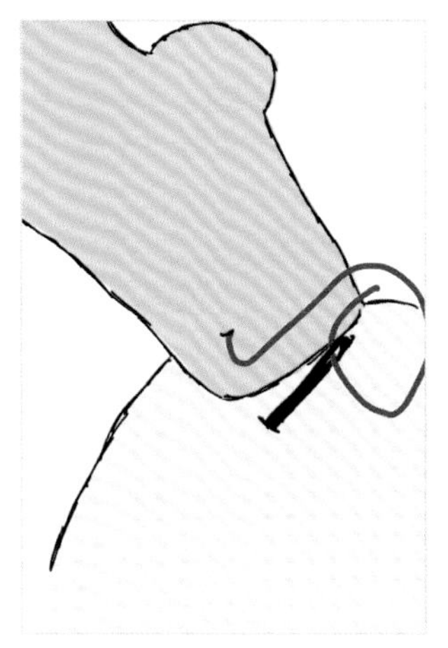

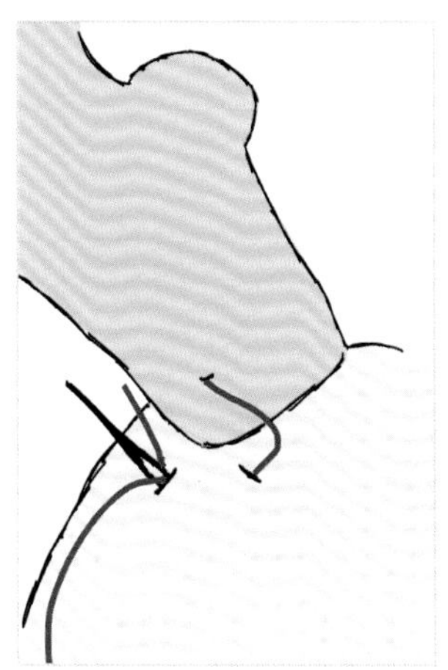

如果你的麋鹿壁挂看起来略显松懈，无须担心，只要塞入更多填充棉并将鹿头与背板缝合，你的麋鹿便可精神起来。

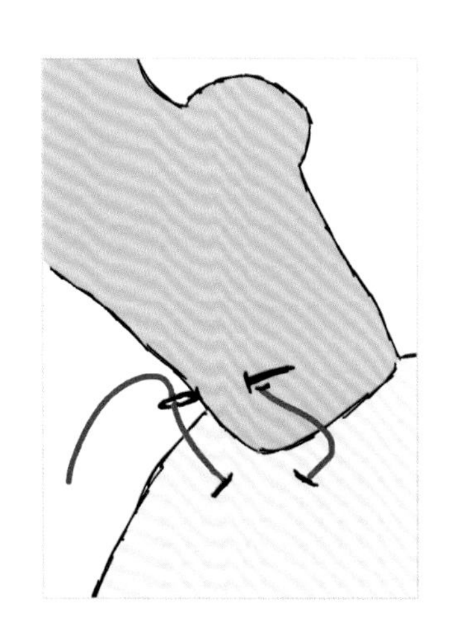

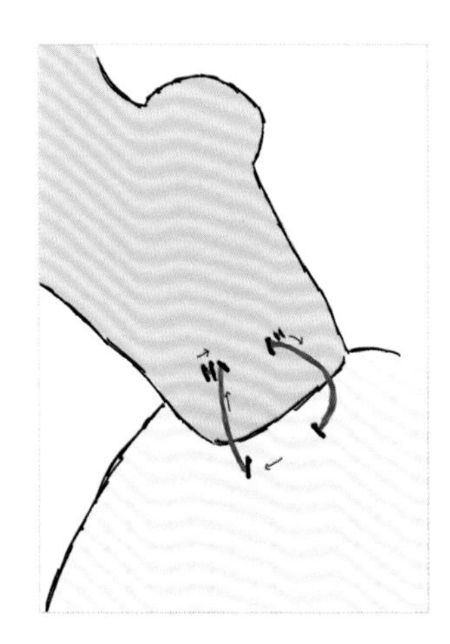

猫头鹰
保温罩

难度级别

中级

猫头鹰总是令人感到神秘诡异，但又呆萌可爱——而猫头鹰主题的保温罩向来是精美茶壶的绝佳搭档，我们为何不亲自动手为自家茶壶编织一件呢？在静静编织茶壶罩的同时，你还可以顺便烤上一炉香甜的曲奇哦！

材料

A Brooklyn Tweed毛线，Shelter系列，鸟巢色×2团
（128m/团，50g/团）
B Brooklyn Tweed毛线，Shelter系列，裸麦色×1团
（128m/团，50g/团）
C Brooklyn Tweed毛线，Shelter系列，银白色×1团
（128m/团，50g/团）
D Robin双面针织线，果绿色×1团
（300m/团，100g/团）
4.5mm棒针
4.5mm双头棒针
4mm棒针
麻花针
芥末色不织布
灰色不织布
黑色不织布
1小团奶油色DK线
猫头鹰图纸（参见图纸页）
每只猫头鹰4.5g填充棉
黑色、白色和芥末色棉线或强力布用胶。

成品尺寸

20cm×20cm×22cm

编织密度

采用精纺粗毛线与4.5mm棒针正面全下针编织时，
20针×28行=10cm×10cm
采用双面针织线与4mm棒针正面全下针编织时，
24针×32行=10cm×10cm

编织技法

手指绕线起针法

尺寸调整方法

各款茶壶大小不一。这款保温罩适用于搭配4个茶杯的标准茶壶。调整保温罩尺寸的方法十分简单，只需在侧面起针处增加或缩减起伏针的行数即可。

茶壶底罩

织2片
使用4.5mm棒针和A线，以手指绕线起针法（参见技法指南）起9针。
第2行： 全下针。
第3行： 全下针。
第4行： 全下针。
第5行： *2下，1上*，从*起重复至行尾。
第6行： *1下，2上*，从*起重复至行尾。
第7行： *2下，1上*，从*起重复至行尾。
第8行： 全下针。
按照第5-8行的方法再重复编织9次至第34行。将织品转移至双头棒针上。在底罩两部分均已编织完毕后，将各针平均分至3根双头棒针上，首尾衔接，开始环形编织。（共78针）
第36圈： 全下针。
第37圈： 全上针。
第38圈： 全下针。
第39圈： 全上针。
第40圈（减）： *2下并1，4下*，从*起重复至圈尾。（共65针）
第41圈： 全下针。
第42圈（减）： 更换为B线。*2下并1，3下*，从*起重复至圈尾。（共52针）
第43圈： 全下针。
第44圈： 全下针。
第45圈： 全下针。
第46圈（减）： *2下并1，2下*，从*起重复至圈尾。（共39针）
第47圈： 全下针。
第48圈： 全下针。
第49圈（减）： *2下并1，1下*，从*起重复至圈尾。（共26针）
第50圈： 全下针。
第51圈： 全下针。
第52圈（减）： 2下并1重复至圈尾。（共13针）
第53圈： 全下针。
第54圈： 全下针。
收针。

在环形编织时，织正面全下针无须隔行织上针，每行均织下针即可。

猫头鹰

织3个
使用4.5mm双头棒针和C线，以手指绕线起针法（参见技法指南）起3针。将各针平分至3根双头棒针上，首尾相连，开始环形编织。
第2圈（加）：下扭至圈尾。（共6针）
第3圈：全下针。
第4圈（加）：下扭至圈尾。（共12针）
第5圈：全下针。
第6圈（加）：*下扭，1下*，从*起重复至圈尾。（共18针）
织6圈正面全下针。
第13圈（加）：*下扭，2下*，从*起重复至圈尾。（共24针）
织6圈正面全下针。
第20圈（减）：*2下并1，2下*，从*起重复至圈尾。（共18针）
第21圈（减）：*2下并1，1下*，从*起重复至圈尾。（共12针）
塞入填充棉。将线剪断，预留一段长长的线头，穿过剩余各针并收紧开口。线头藏缝。

树叶

使用D线和4mm棒针起2针。
第1行：全下针。
第2行：全上针。
第3行：全下针。
第4行：全上针。
第5行：全下针。
第6行：全上针。
第7行（加）：下扭，1下。（共3针）
第8行：全上针。
第9行（加）：下扭，将最后2针移至麻花针上。
第10行：全上针。
第11行：全下针。
第12行：全上针。
第13行（加）：［下扭下］×2。（共6针）
第14行：全上针。
第15行（加）：下扭，4下，下扭。（共8针）
第16行：全上针。
第17行：全下针。
第18行：全上针。
第19行：收2针，6下。（共6针）
第20行：上针方向收2针，4上。（共4针）
第21行：全下针。
第22行：全下针
第23行（减）：［2下并1］×2。（共2针）
第24行：上针方向收针。

挑起第9行移至麻花针上的2针，织下针。
织5行正面全下针。
第15行（加）：1下，下扭。（共3针）
第16行：全上针。
第17行（加）：2下，下扭。（共4针）
第18行：2上。将剩余2针移至麻花针上。
第19行：全下针。
第20行：全上针。
第21行：全下针。
第22行：全上针。
第23行：全下针。
第24行：全上针。
第25行（加）：［下扭下］×2。（共6针）
第26行：全上针。
第27行：全下针。
第28行：全上针。
第29行（加）：下扭，4下，下扭。（共8针）
第30行：全上针。
第31行：收2针，6下。（共6针）
第32行：上针方向收2针，4上。（共4针）
第33行：全下针。
第34行：全上针。
第35行（减）：［2下并1］×2。（共2针）
第36行：全上针。
第37行（减）：2下并1。
将线剪断，预留一段长长的线尾，穿过剩余各针并收紧敞口。线尾藏缝。
挑起第18行移至麻花针上的2针，织上针。
按照第1-37行的方法重复编织1次。
编织10片叶子，在第9片叶子的第18行上进行衔接，然后织下针。织5行正面全下针。
按照第13-24行的方法编织最后1片叶子。

保温罩顶盖

利用A线起6针，织起伏针至织片达到116cm。收针。将织片横向对折并缝合。

缝合

将茶壶罩各部分整理平整，线头藏缝。

由于茶壶尺寸不一，先测量好壶口与壶把的起始点。缝合边缝至起始点。

将保温罩顶盖展开平放，使起针边与收针边对齐，将起针边与收针边缝合。将织片整理成新长条，再次首尾缝合。然后将缝好的环状顶盖放在茶壶顶部，位于B线区域起点前侧，小心缝合固定。

视不同茶壶尺寸，可能需要在壶口和壶把顶部间隙处补缝数针。

壶口上端与两片之间的衔接缝可能需要补缝数针进行加固。

猫头鹰

使用A线，在猫头鹰胸部缝出几个V字图案，使猫头鹰显得更加可爱有趣。

使用猫头鹰喙部图纸（参见图纸页）在芥末色不织布上剪下2片喙的形状。利用外眼圈图纸在灰色不织布上剪下6片外眼圈。借助眼珠图纸在黑色不织布上剪下6片黑色眼珠。

使用零散的奶油色DK线剪出6条1.5cm的线段作为眉毛。

按照如下方法组装猫头鹰脸部：喙部居中放置在猫头鹰脸部，距离底托3cm，距离两眼间距为5mm。使用黑色棉线或强力布用胶将黑眼珠居中固定在外眼圈上。如果采用缝合法，建议使用黑色棉线，直接缝合在猫头鹰身体上。用芥末色棉线小心缝合喙部。或者也可用布用胶将各部分直接粘贴。眉毛放置在距离头顶1.5cm处，你可以任意摆放眉毛的位置，为你的猫头鹰塑造出个性表情。用一小段白色棉线将眉毛缝合固定。

将保温罩套在茶壶上，壶盖穿过保温罩顶部留出的孔。之后将猫头鹰放置在一侧并缝合固定。

大胆尝试眉毛的不同姿态，为猫头鹰打造趣味表情。别忘记在胸口处绣出V字图案，细节体现出我们的用心哦！

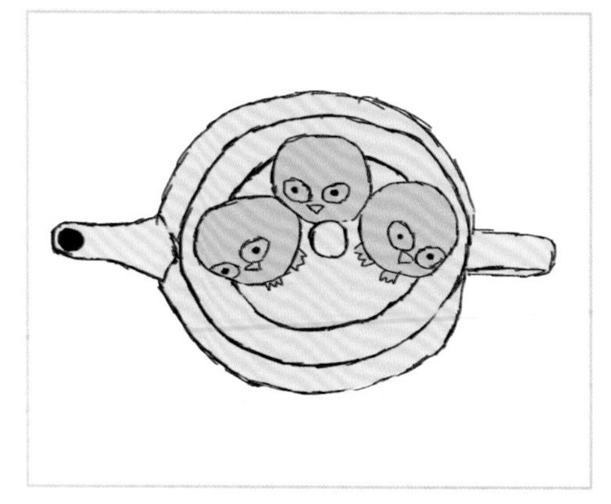

雉鸡装饰

难度级别

初级

由于选用了超粗毛线，这款雉鸡装饰的编织速度快得惊人。小心哦！一不留意，你的厨房里就要遍地雉鸡啦！

材料

A Erika Knight毛线，Maxi Wool系列，帆布色×1团（80m/团，100g/团）
B Erika Knight毛线，Maxi Wool系列，匠人花纹×1团（80m/团，100g/团）
C Erika Knight毛线，Maxi Wool系列，玛尼花纹×1团（80m/团，100g/团）
D Rowan毛线，Thick'n'Thin系列，大理石花纹×2团（49m/团，50g/团）
E Rowan毛线，Thick'n'Thin系列，白云石花纹×1团（49m/团，50g/团）
F Rowan毛线，Thick'n'Thin系列，花岗石花纹×2团（49m/团，50g/团）
9mm棒针
37g填充棉
雏鸡腿部图纸（参见图纸页）
11cm×3.5cm灰色不织布
灰色棉线
10mm黑色安全眼睛多枚

成品尺寸

67cm×12cm

编织密度

10针×13行=10cm×10cm

编织技法

手指绕线起针法
平纹对缝
回针缝

雏鸡身体

使用9mm棒针和A线，以手指绕线起针法（参见技法指南）起3针，完成第1行。
第2行： 全上针。
第3行（加）： 整行织下扭。（共6针）
第4行： 全上针。
第5行（加）： 更换为E线，*下扭，1下*，从*起重复至行尾。（共9针）
第6行： 全上针。
第7行（加）： *下扭，2下*，从*起重复至行尾。（共12针）
第8行： 全上针。
第9行（加）： *下扭，3下*，从*起重复至行尾。（共15针）
第10行： 全上针。
第11行： 全下针。
第12行： 全上针。
第13行（减）： 更换为A线，*2下并1，3下*，从*起重复至行尾。（第12针）
第14行： 全下针。
第15行： 全下针。
第16行： 全下针。
第17行： 更换为D线，各针均织下针。
第18行： 全上针。
第19行（加）： *下扭，2下*，从*起重复至行尾。（共16针）
第20行： 全上针。
第21行（加）： *下扭，3下*，从*起重复至行尾。（共20针）
第22行： 全上针。
第23行（加）： *下扭，4下*，从*起重复至行尾。（共24针）
第24行： 全上针。
第25行（加）： *下扭，5下*，从*起重复至行尾。（共28针）
第26行： 全上针。
第27行（加）： *下扭，6下*，从*起重复至行尾。（共32针）
第28行： 全上针。
第29行（加）： *下扭，7下*，从*起重复至行尾。（共36针）
第30行： 全上针。
第31行（加）： *下扭，8下*，从*起重复至行尾。（共40针）
织17行正面全下针。
第49行（减）： *2下并1，2下*，从*起重复至行尾。（共30针）
第50行： 全上针。
第51行（减）： *2下并1，1下*，从*起重复至行尾。（共20针）
第52行： 全上针。
第53行（减）： 2下并1，重复至行尾。（共10针）
第54行： 全上针。
第55行（减）： 2下并1，重复至行尾。（共5针）
第56行： 全上针。
将线剪断，预留一段长长的线头，穿过剩余各针并收紧开口。线头藏缝。

翅膀

织4片
使用9mm棒针和F线，以手指绕线起针法（参见技法指南）起3针，完成第1行。
第2行：全上针。
第3行（加）：1下，下扭，1下。（共4针）
第4行：全上针。
第5行（加）：1下，［下扭］×2，1下。（共6针）
第6行：全上针。
第7行（加）：1下，下扭，2下，下扭，1下。（共8针）
第8行：全上针。
第9行（加）：1下，下扭，4下，下扭，1下。（共10针）
第10行：全上针。
第11行（加）：1下，下扭，6下，下扭，1下。（共12针）
第12行：全上针。
第13行（加）：1下，下扭，8下，下扭，1下。（共14针）
织9行正面全下针。
第23行（减）：1下，2下并1，8下，2下并1，1下。（共12针）
第24行：全上针。
第25行（减）：1下，2下并1，6下，2下并1，1下。（共10针）
第26行：全上针。
第27行（减）：1下，2下并1，4下，2下并1，1下。（共8针）
第28行：全上针。
第29行（减）：1下，2下并1，2下，2下并1，1下。（共6针）
第30行：全上针。
收针。

条纹长尾

使用9mm棒针和B线，以手指绕线起针法（参见技法指南）起6针，完成第1行。
第2行：全上针。
织2行正面全下针。
第5行（加）：*下扭，1下*，重复至行尾。（共9针）
织3行正面全下针。
第9行：更换为D线，下针至行尾。
第10行：全上针。
第11行：更换为B线，下针至行尾。
按照第9-11行的方法再重复编织3次。
第20行（减）：更换为D线。*2下并1，1下*，从*起重复至行尾。（共6针）
第21行：全上针。
第23行：更换为B线，下针至行尾。
第24行：全上针。
第25行：更换为D线，下针至行尾。
第26行：全上针。
第27行：更换为B线，下针至行尾。
第28行：全上针。
第29行（减）：更换为D线，2下并1，重复至行尾。（共3针）
第30行：全上针。
第31行：更换为B线，下针至行尾。
第32行：全上针。
将线剪断，预留一段长长的线头，穿过剩余各针并收紧敞口。线头藏缝。

纯色长尾

D线织1条，B线织1条。
使用9mm棒针，以手指绕线起针法（参见技法指南）起6针。
织28行正面全下针。
第29行（减）：2下并1，重复至行尾。（共3针）
织5行正面全下针。
将线剪断，预留一段长长的线头，穿过剩余各针并收紧敞口。线头藏缝。

也可使用F线和E线各织1片翅膀。请确保暗蓝色织片位于翅膀内侧。

红色眼眶

织2片。
使用9mm棒针和C线，以手指绕线起针法（参见技法指南）起3针，完成第1行。
第2行：全上针。
第3行（加）：1下，下扭，1下。（共4针）
第4行：全上针。
第5行：全下针。
第6行：上针方向收针。

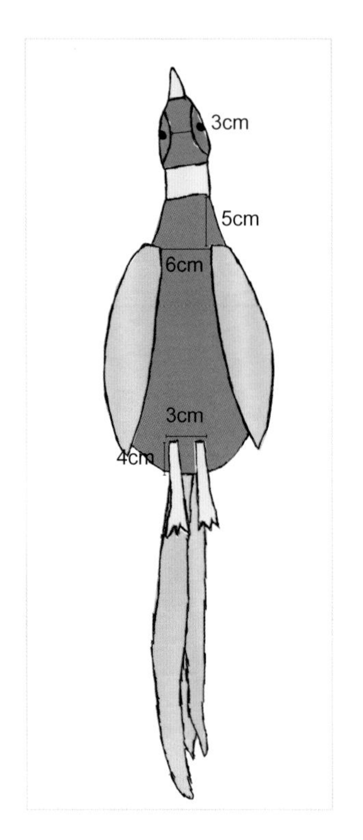

由于我们可以很快完成一只雉鸡的编织，所以尽管尝试更多配色方案吧！注意颜色不要过分繁杂哦。

缝合

采用相应颜色的缝线，以平纹对缝缝合雉鸡身体部分。将2片翅膀正面相对放平。用回针缝（参见技法指南）缝合，在收针边预留返口。翻回正面后缝合开口处。

使用图纸，在灰色不织布上剪出2片鸡脚。两颗黑色眼珠居中固定在红色眼眶上。将雉鸡放平，用珠针将眼眶固定在雉鸡头部蓝色区域，间隔为3cm，小心缝合。以此为中心线，将翅膀固定在距离白色起伏针区域5cm的位置，间距为5.5cm，以灰色棉线缝合。

沿中心线，将鸡脚固定在距离雉鸡底部4cm处，间距为3cm。尾巴应固定缝合在雉鸡底部中心位置（各针收口处）。

还可以尝试将喙部颜色（A线）更换为B线，按照雉鸡身体部位1-4行的方法进行编织。2片翅膀采用F线，2片采用E线。

鼹鼠门挡

难度级别

初级

这款鼹鼠门挡实用又有趣，是为家中增添乡村气息的绝佳选择。可以与你的巴布尔夹克和惠灵顿皮靴完美搭配，营造出纯正的美式乡村风。随手放到哪里当作摆件也可以哦！

材料

A Garthenor有机纯羊毛线，赫布里底群岛/马恩岛混纺粗羊毛线，巧克力/黑×1团
（111m/团，100g/团）
B Garthenor有机纯羊毛线，赫布里底群岛/马恩岛混纺粗羊毛线，巧克力棕×1团
（111m/团，100g/团）
C Jamieson&Smith双股线，极品设得兰系列，黑灰色×1团
（172m/团，50g/团）
D Jamieson&Smith双股线，经典设得兰系列，乳白色×1团
（110m/团，25g/团）
E Jamieson&Smith毛线，经典设得兰系列，梅红×1团
（110m/团，25g/团）
6mm双头棒针
4mm双头棒针
1条厚丝袜
80g大米
10g填充棉
鼹鼠爪子图纸（参见图纸页）
鼹鼠眼睛图纸（参见图纸页）
每只爪子 4cm×4cm粉色不织布
每只眼睛 1cm×0.5cm黑色不织布
少量鱼线（35磅，建议使用Fladen Vantage .55系列）

成品尺寸

25cm×17cm

编织密度

采用大号针编织正面全下针时，
12针×16行＝10cm×10cm
采用小号针编织正面全下针时，
18针×28行＝10cm×10cm

编织技法

手指绕线起针法

土堆与鼹鼠

使用6mm棒针和A线，以手指绕线起针法（参见技法指南）起48针，完成第1圈。
织17圈正面全下针。
第19圈（减）： *2下并1，2下*，从*起重复至圈尾。（共36针）
第20圈： 全下针。
第21圈： 更换为B线，整圈织上针。
第22圈： 全下针。
第23圈： 全上针。
第24圈： 全下针。
第25圈： 全上针。
第26圈： 全下针。
第27圈： 更换为4mm双头棒针，使用C线整圈织下针。
织8圈正面全下针。
第36圈（减）： 15下，［2下并1］×3，15下。（共33针）
第37圈： 全下针。
第38圈： 全下针。
第39圈： 全下针。
第40圈（减）： 13下，［2下并1］×3，14下。（共30针）
第41圈： 全下针。
第42圈： 全下针。
第43圈： 全下针。
第44圈（减）： 14下，2下并1，14下。（共29针）
第45圈： 全下针。
第46圈： 全下针。
第47圈： 全下针。
第48圈（减）： *2下并1，2下*，从*起重复织圈尾。（共21针）
第49圈： 全下针。
第50圈（减）： *2下并1，1下*，从*起重复织圈尾。（共14针）
第51圈： 全下针。
第52圈： 全下针。
第53圈： 全下针。
第54圈： 全下针。
第55圈： 全下针。
第56圈： 全下针。
第57圈： 更换为D线，整圈织下针。
第58圈： 全下针。
第59圈： 全下针。
第60圈（减）： 2下并1，重复至圈尾。（共7针）
第61圈： 全下针。
第62圈： 全下针。
第63圈： 收针，藏缝线头。

土堆底托

使用6mm双头棒针和B线，以手指绕线起针法（参见技法指南）起60针，完成第1圈。

第2圈（减）： *2下并1，4下*，从*起重复至圈尾。（共50针）

第3圈： 全下针。

第4圈（减）： *2下并1，3下*，从*起重复至圈尾。（共40针）

第5圈： 全下针。

第6圈（减）： *2下并1，2下*，从*起重复至圈尾。（共30针）

第7圈： 全下针。

第8圈（减）： *2下并1，1下*，从*起重复至圈尾。（共20针）

第9圈： 全下针。

第10圈（减）： *2下并1*，重复至圈尾。（共10针）

第11圈： 全下针。

第12圈（减）： *2下并1*，重复至圈尾。（共5针）

将线剪断，预留一段长长的线尾，穿过剩余各针并收紧敞口。线尾藏缝。

缝合

将鼹鼠进行整理，线头藏缝。

土堆与鼹鼠翻至反面，将土堆底托正面朝内，沿底托边缘用珠针与土堆起针边固定。沿底托边缘缝合整圈的¾。翻回正面，将厚丝袜从脚部向上剪下30cm。填入大米后在开口处打结。

在鼹鼠头部塞入8g填充棉。然后将装入米的厚丝袜放入土堆内，上面添加填充棉。

缝合剩余的¼开口。

此时鼹鼠通常会倒向一侧，建议在距离鼹鼠下巴2cm处与土堆衔接缝固定数针。

使用E线，在鼹鼠顶端绣出鼻头图案，切记要将起针与第一处加针遮挡住。

胡须

取出鱼线，将鱼线缝合固定在鼹鼠鼻部白色区域。拉出鱼线后再次穿入鼹鼠头部，之后再穿出，钉缝牢固。在鼹鼠鼻子两侧各缝制2根胡须。

利用图纸和粉色不织布剪出2片鼹鼠爪子，利用图纸和黑色不织布剪出2片眼睛（参见图纸页）。

将爪子放置在土堆起始处，爪子间距为5cm。爪子固定后可竖立在土堆与鼹鼠衔接缝之间。眼睛与刺绣鼻头的外边缘相距4cm，两眼间距为1cm。

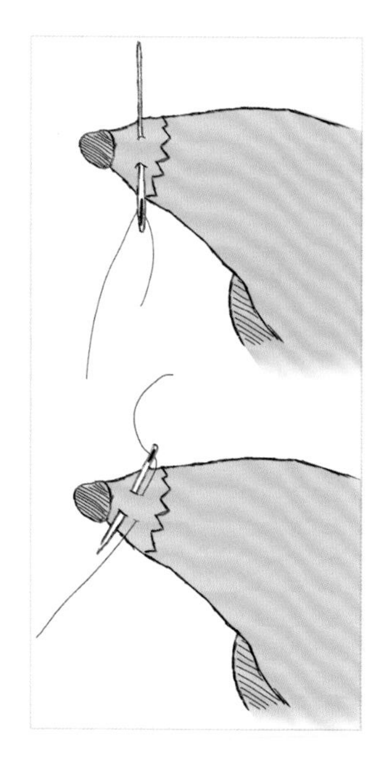

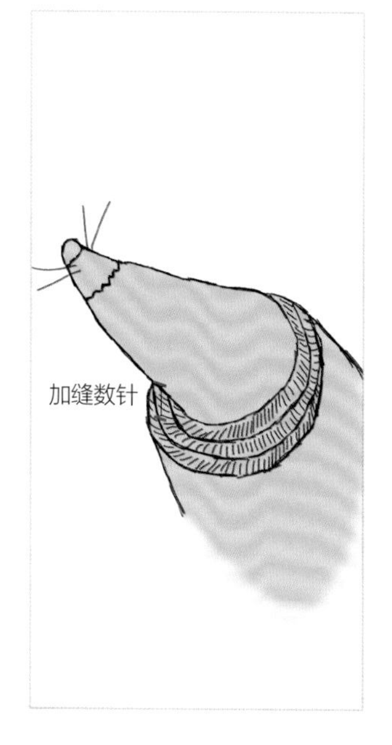

WELCOM

虎皮地毯

难度级别

高级

鉴于这款虎皮毯的尺寸超级大，但因为我们选用了双股超粗线来编织，它的钩织完成速度也相当快。鲜亮的橙色使毯子充满朝气与活力，如果您偏爱较柔和的色系，也可以将橙色更换为白色。

材料

A 双股Wool and the Gang毛线，Crazy Sexy Wool系列，火橙色×10团
（80m/团，200g/团）
B 双股Wool and the Gang毛线，Crazy Sexy Wool系列，象牙白×3团
（80m/团，200g/团）
C 双股Wool and the Gang毛线，Crazy Sexy Wool系列，炫黑色×4团
（80m/团，200g/团）
15mm棒针或环形针
芥末色不织布4cm×4cm×2cm
黑色不织布8cm×8cm
24mm黑色安全眼睛
黑色棉线或布用胶水
125g填充棉
老虎眼睛与鼻子图纸（参见图纸页）
1小团黑色粗毛线。
40g奶油色羊毛条
麻花针

成品尺寸

127cm×156cm

尺寸样本（编织密度）

采用双股线正面全下针编织时，16针×7行=10cm×10cm

编织技法

手指绕线起针法
嵌花编织法

起针

这款图案为大家提供了详细的编织图。使用15mm棒针和双股B线，以手指绕线起针法（参见技法指南）起4针。
这样便完成了第1行的编织。从第2行开始，所有偶数行均采用上针编织。与下片相比，上片在脸部塑形方法上有些差异，但两片的起针方法是完全相同的。
根据图示要求，无论在上针面还是下针面，均从边针位置起针。同时上下针两面均需收针。

腿与尾巴

建议编织顺序：在第92行织14针上针，收6针，开始编织尾巴，再收6针，接着编织另一条腿。按照图示要求在第93行织下针，将尾巴和另一条腿暂时移至麻花针上。在腿部完成后，重新挑回麻花针上的各针，继续编织尾巴。尾巴完成后继续编织另一条腿。

耳朵

B线织2片，C线织2片
使用15mm棒针和双股线，以手指绕线起针法（参见技法指南）起5针，完成第1行的编织。
第2行：全上针。
第3行（加）：下扭，3下，下扭。（共7针）
第4行：全上针。
第5行：全下针。
第6行：全上针。
第7行（减）：2下并1，3下，2下并1。（共5针）
第8行：全上针。
第9行：将线剪断，预留一段长长的线头，穿过剩余各针并收紧敞口。线头藏缝。

缝合

取出虎皮的上片，平铺在下片上，反面相对。采用平纹对缝（参见技法指南）缝合，确保针脚整齐。整圈缝合时需更换相应颜色的缝合线，保留头部暂时不缝合。

如果你担心橙色易脏，可以在编织虎皮的下片时更换其他颜色的编织线，如耐脏的黑色。

鬃毛

在缝制鬃毛时，你可以采用捻散开的奶油色羊毛条，也可以继续使用Wool and the Gang毛线，只需将毛线捻散便可营造出蓬松的鬃毛效果。

取出40g羊毛条，剪下8cm，放置在距离起针边4cm的位置，需覆盖住虎头一侧20cm的区域。然后将整理好的羊毛夹入虎头上下两片之间，在外部留出5cm的长度，虎头内部藏入3cm。采用平纹对缝小心缝合，鼻头位置保留开口。虎头另一侧采用相同方法处理。

脸部

在芥末色不织布上剪下2片眼眶，圆心位置剪开一个口。将玩具眼睛塞入不织布上的口。然后将眼睛放置在距离脸部A线编织区起点9cm的位置，两眼间距为5.5cm。此时眼睛应刚好位于脸部的黑色条纹上。你可以利用几条羊毛进行装饰，或根据自己的喜好调整羊毛的用量，大胆发挥自己的创意吧！

眉毛的缝制方法与脸侧的鬓毛相似。取出5cm的毛条，将3cm藏入虎头上下片之间，外部露出2cm。眉毛应位于眼部正上方，宽度约为5cm。由于针孔较大，我们可以在针孔间轻松地穿入羊毛。将虎头内部藏入的3cm毛条打结固定。视需要，从虎头正面轻轻拉拽外部的毛条，确保露出部分达到2cm。

将B线和C线编织的各1片耳朵，珠针固定后采用平纹对缝法缝合。在返口处塞入一小团填充棉完成1只耳朵的制作，第2只耳朵同样处理。耳朵的位置距离鼻头底端21cm，两耳间距为11cm。B线编织的耳朵朝前，采用相应颜色的缝合线将两耳牢牢钉缝在虎头上。

采用钉缝眉毛的方法，剪出8cm羊毛条，将其放置在距离耳朵5cm处，外部露出4cm。与A线区间隔1-2条线添加鬓毛。

在黑色不织布上剪出鼻子形状，距离鼻头底端2cm处居中放好。利用黑色粗毛线在鼻子两侧各刺绣几处黑色斑点，鼻子下方缝制1条2cm长的黑色布条。用黑色棉线或布用胶固定鼻头。

将125g填充棉塞入虎头，缝合预留的返口。调整填充棉，按照虎头形态塑形。

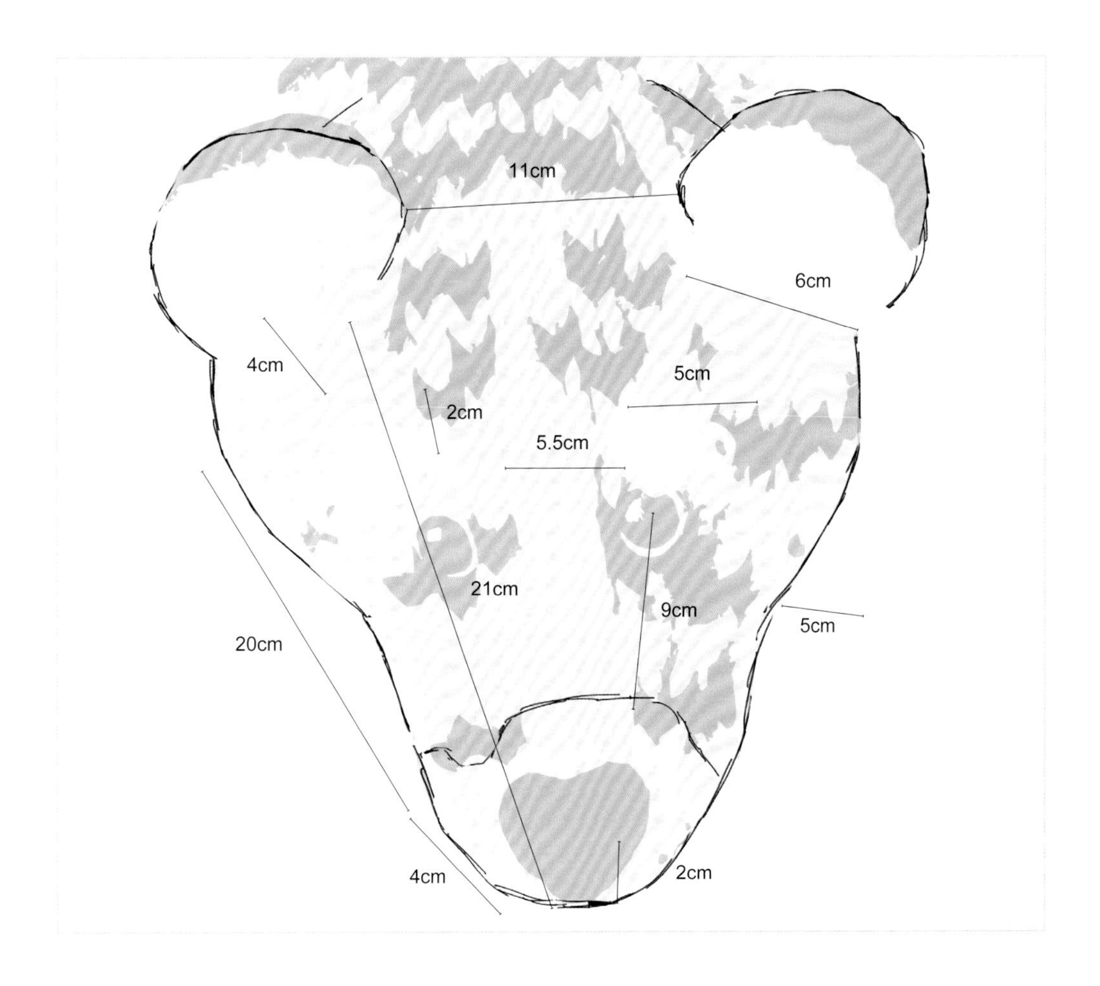

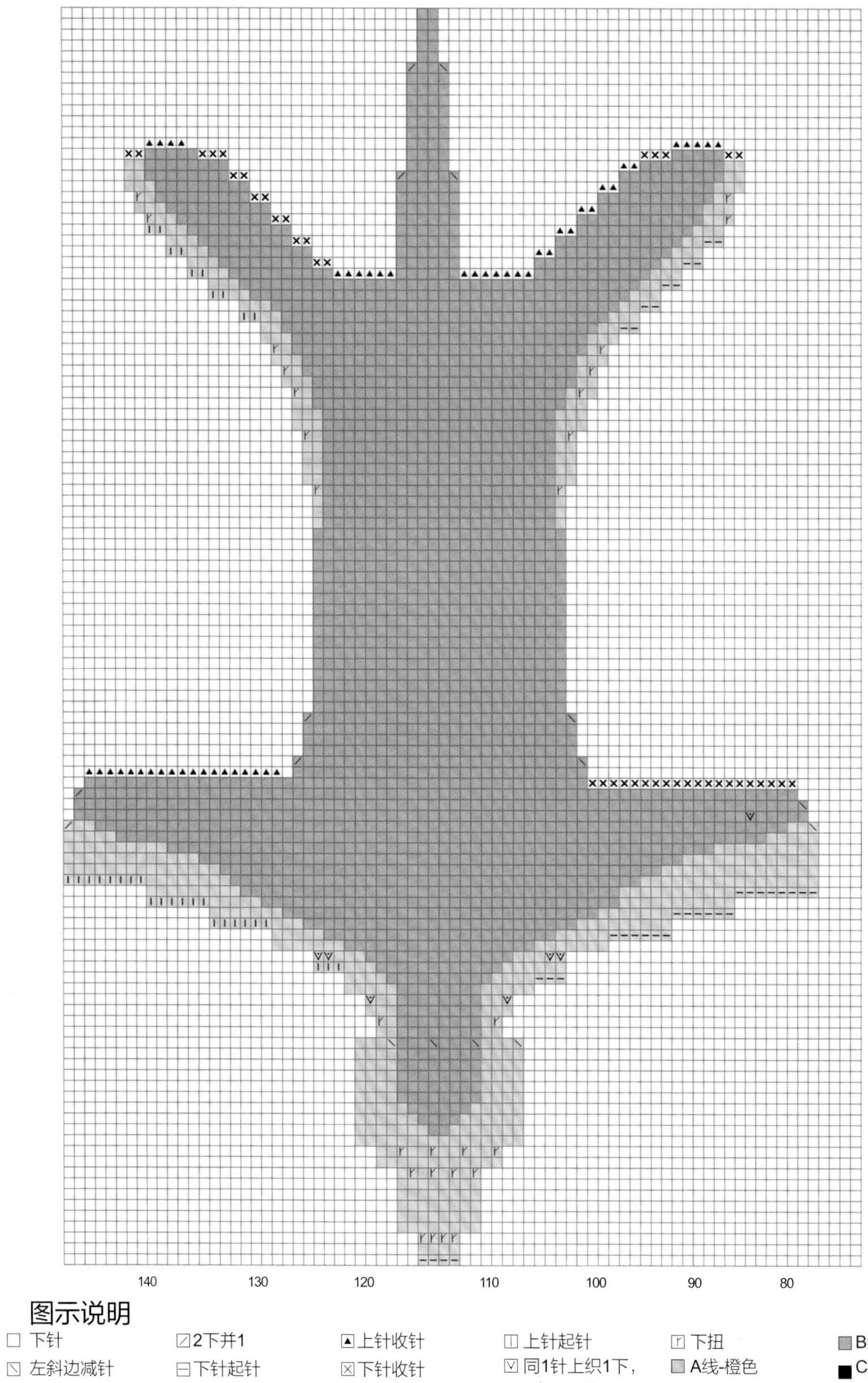

图示说明

□ 下针
⧅ 左斜边减针
▨ 2下并1
⊟ 下针起针
▲ 上针收针
☒ 下针收针
⊡ 上针起针
☑ 同1针上织1下，1上，1下
⊓ 下扭
▧ A线-橙色
■ B线-白色
■ C线-黑色

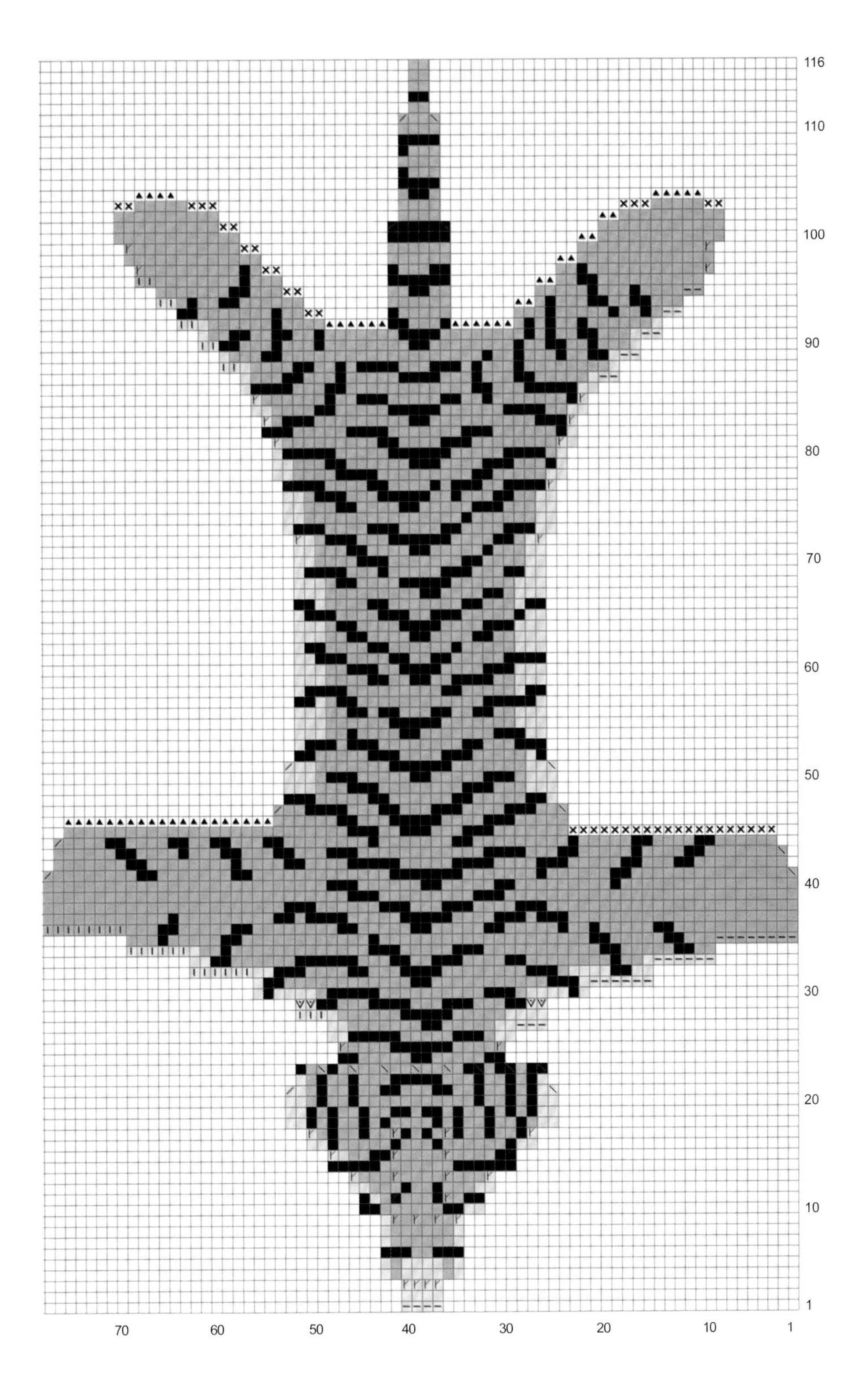

116
110
100
90
80
70
60
50
40
30
20
10
1
70
60
50
40
30
20
10
1

獾头壁饰

难度级别

中级

这款华贵的獾头壁饰将平日蜗居在洞穴中的獾展示在聚光灯下，尤显珍贵。永不过时的黑白配造型定将紧紧锁住你的眼球。

MAN OF
EVEREST
BASIC ACOL
PICADOR

材料

A Rowan Creative Focus Worsted精纺毛线，自然白
（201m/团，50g/团）
B Rowan Creative Focus Worsted精纺毛线，乌木黑
（201m/团，50g/团）
4.5mm棒针
填充棉
10cm黑色眼睛
3cm黑色玩具毛球
黑色缝线
獾头图纸（参见图纸页）
长宽为18cm×18cm，厚度为2mm的硬纸板

成品尺寸

头部：21cm×11cm
耳朵：3cm×3cm

编织密度

正面全下针编织时，
20针×24行＝10cm×10cm

编织技法

手指绕线起针法
嵌花编织法

獾头上片

使用4.5mm棒针和A线，以手指绕线起针法（参见技法指南）起6针。
第2行：全上针。
第3行（加）：整行织下扭。（共12针）
第4行：全上针。
第5行（加）：*下扭，1下*，从*起重复至行尾。（18针）
第6行：全上针。
第7行（加）：*下扭，2下*，从*起重复至行尾。（24针）
织7行正面全下针。
第15行：A线7下，B线2下，A线6下，B线2下，A线7下。
第16行：A线7上，B线2上，A线6上，B线2上，A线7上。
第17行（加）：A线7下，B线［下扭］×2，A线6下，B线［下扭］×2，A线7下。（共28针）
第18行：A线7上，B线4上，A线6上，B线4上，A线7上。
第19行：A线7下，B线4下，A线6下，B线4上，A线7上。
第20行：同18行。
第21行：同19行。
第22行：同18行。
第23行（加）：A线7下，B线1下，B线［下扭］×2，B线1下，A线6下，B线1下，B线［下扭］×2，B线1下，A线7下。（共32针）
第24行：A线7上，B线6上，A线6上，B线6上，A线7上。
第25行：A线7下，B线6下，A线6下，B线6下，A线7下。
第26行：A线7上，B线6上，A线6上，B线6上，A线7上。
按照上2行的方法再重复2次。
第31行（加）：A线7下，B线1下，B线下扭，B线2下，B线下扭，B线1下，A线6下，B线1下，B线下扭，B线2下，B线下扭，B线1下，A线7下。（共36针）
第32行：A线7上，B线8上，A线6上，B线8上，A线7上。
第33行：A线7下，B线8下，A线6下，B线8下，A线7下。
第34行：A线7上，B线8上，A线6上，B线8上，A线7上。
按照上2行的方法再重复7次。
第49行：A线7下，B线9下，A线4下，B线9下，A线7下。
第50行：A线7上，B线9上，A线4上，B线9上，A线7上。
第51行：同第49行。
第52行：同第50行。
第53行：A线7下，B线10下，A线2下，B线10下，A线7下。
第54行：A线7上，B线10上，A线2上，B线10上，A线7上。
第55行：A线6下，B线11下，A线2下，B线11下，A线6下。
第56行：A线5上，B线12上，A线2上，B线12上，A线5上。
第57行：A线4下，B线28下，A线4下。
第58行：A线3上，B线30上，A线3上。
第59行：A线2下，B线32下，A线2下。
第60行：B线织全上针。
第61行（减）：*2下并1，4下*，从*起重复至行尾。（共30针）
第62行：全上针。
第63行（减）：*2下并1，3下*，从*起重复至行尾。（共24针）
第64行：全上针。
第65行（减）：*2下并1，2下*，从*起重复至行尾。（共18针）
第66行：全上针。
第67行（减）：*2下并1，1下*，从*起重复至行尾。（共12针）
第68行：全上针。
收针。

獾头下片

按照獾头上片的方法编织1-14行。
第15行：全下针。
第16行：全上针。
第17行（加）：*下扭，5下*，从*起重复至行尾。（共28针）
织4行正面全下针。
第23行（加）：*下扭，6下*，从*起重复至行尾（共32针）
第24行：全上针。
第25行：A线14下，B线4下，A线14下。
第26行：A线12上，B线8上，A线12上。
第27行：A线10下，B线12下，A线10下。
第28行：A线8上，B线16上，A线8上。
第29行：A线8下，B线16上，A线8上。
第30行：同第28行。
第31行（加）：A线下扭，A线7下，［B线下扭，B线7下］×2，A线下扭，A线7下。（共36针）
第32行：A线9上，B线18上，A线9上。
第33行：A线7下，B线22下，A线7下。
第34行：A线5上，B线26上，A线5上。
第35行：A线3下，B线30下，A线3下。
第36行：B线织全上针，且后续各行均采用B线编织。
第37行：全下针。
第38行：全上针。
第39行（加）：*下扭，5下*，从*起重复至行尾。（共42针）
第40行：全上针。
第41行：全下针。
第42行：全上针。
第43行（加）：*下扭，6下*，从*起重复至行尾。（共48针）
第44行：全上针。
第45行：全下针。
第46行：全上针。
第47行（加）：*下扭，7下*，从*起重复至行尾。（共54针）
第48行：全上针。
第49行：全下针。
第50行：全上针。
第51行（加）：*下扭，8下*，从*起重复至行尾。（共54针）
第52行：全上针。
第53行：全下针。
第54行：全上针。
第55行（加）：*下扭，9下*，从*起重复至行尾。（共66针）
织13行正面全下针。
收针。

耳朵

A线织2片，B线织2片。
使用4.5mm棒针，以手指绕线起针法（参见技法指南）起8针。
第2行：全上针。
第3行：全下针。
第4行：全上针。
第5行：全下针。
第6行：全上针。
第7行：全下针。
第8行（减）：3上并1，2上，3上并1。（共4针）
收针。

缝合

线头藏缝。取出獾头壁挂的上下两片，正面相对，将起针边对齐。沿两条侧边用珠针固定至收针边。除收针边外整圈缝合，从保留的开口处翻回正面。少量多次地塞入填充棉。

将黑色玩具毛球置于距离底边（起针边）3cm的位置，利用黑线在脸部居中缝合固定。然后从底边量出9.5cm，在距离脸部两侧黑色区域（向内）2针的位置缝合固定两颗眼睛。

分别取出A线和B线编织的耳朵各1片，正面相对，珠针固定后沿边缘缝合，保留起针边作为返口。耳朵的位置应距离底边7cm，紧贴眼周黑色区域边缘，与侧边相隔5cm。在耳后5mm和獾头5mm的位置衔接1针，使耳朵保持翘立姿态。

别忘记在脖子区域塞入适量填充棉，但切勿填充过量。

背板缝合

剪下图纸（参见图纸页）并将图纸放置在2mm厚的硬纸板上。沿图纸画出轮廓并剪下。仍将图纸罩在纸板上，使用珠针标记出缝合孔。

取下珠针，使用一根大号缝合针沿标记的缝合孔穿刺，将缝合孔扩开。将獾头背面与硬纸板相对，收针边对齐纸板边，此处需确保对齐对正。选用相应颜色的缝合线从缝合孔入针缝合。

从獾头后侧出线时保留一段线头不要收紧，将缝合线再次穿入獾头收针边与纸板边对齐的位置。将线引出后继续穿入下一个缝合孔。

重复这种锁边缝的方法，沿獾头逆时针缝合，保留最后¼暂不缝合。

在颈部塞入填充棉后继续缝合。逆时针重复相同步骤。最后在硬纸板顶部缝合孔位置系一个挂圈，打结收紧后将两条线尾藏缝。将獾头挂饰吊挂在画钩或钉子上。

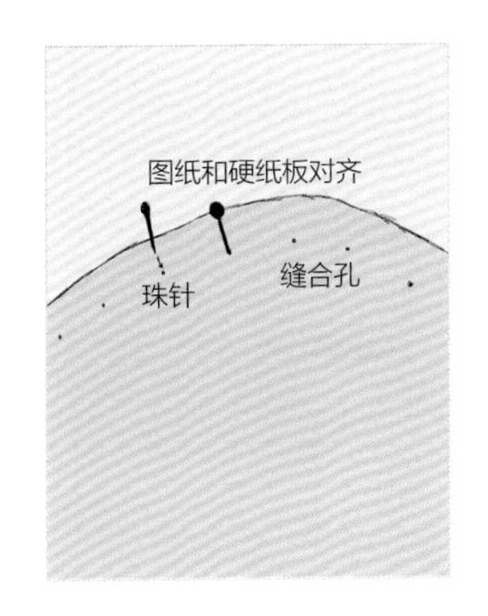

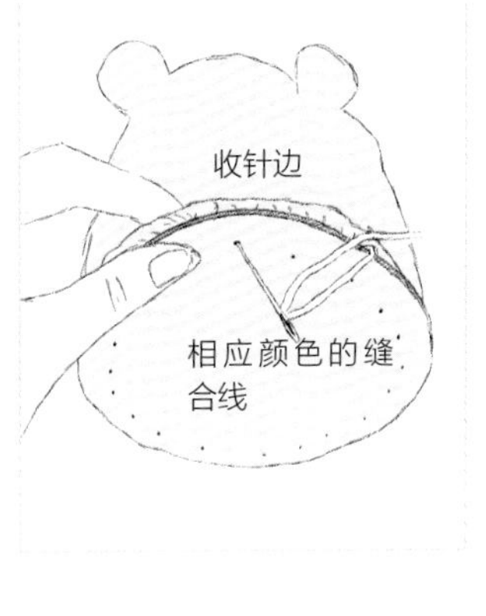

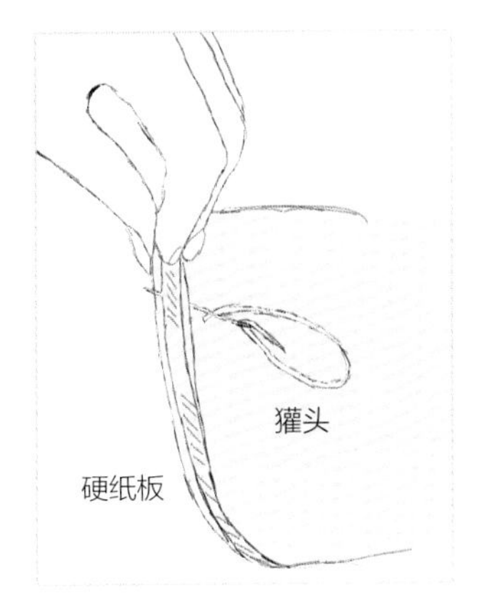

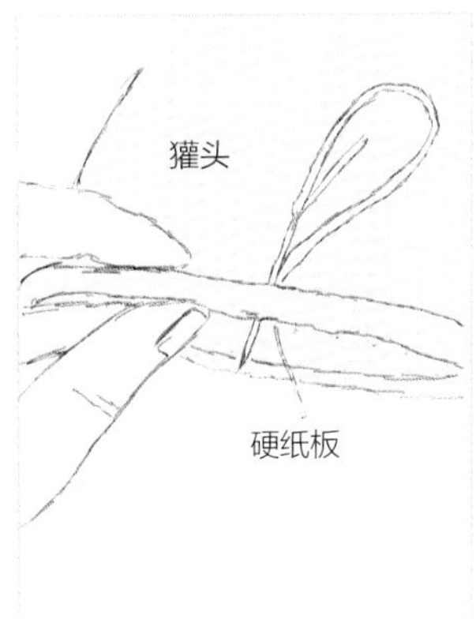

懒熊杯垫

难度级别

初级

如果你深爱仿制皮毯的质感，但又希望先从小件开始尝试，那么这款可爱的懒熊杯垫必然成为你的理想之选。这款小小的杯垫可以有效保护你的桌面，防止咖啡渍的染污哦！

材料

A Drops Lima毛线
（90m/团，50g/团）
（可任选米白、棕色或黑色）
4mm棒针
麻花针
布用胶
直径5mm黑色圆形不织布×2片
直径4mm黑色圆形不织布×1片

成品尺寸

18cm×15cm

编织密度

正面全下针编织时，
21针×28行=10cm×10cm

编织技法

手指绕线起针法
嵌花编织法

身体

织2片
使用4mm棒针和C线，以手指绕线起针法（参见技法指南）起4针，完成第1行。
第2行：全上针。
第3行（加）：下扭，2下，下扭。（共6针）
第4行：全上针。
第5行：全下针。
第7行（加）：*下扭*，从*起重复至行尾。（共12针）
第6行：全上针。
第8行：全上针。
第9行（加）：*下扭，1下*，从*起重复至行尾。（共18针）
织7行正面全下针。
第17行（减）：*2下并1，1下*，从*起重复至行尾。（共12针）
第18行：全上针。
第19行（减）：*2下并1*，从*起重复至行尾。（共6针）
第20行：全上针。
第21行（加）：［下扭下］×2，织下针至最后2针，［下扭下］×2。（共14针）
第22行：全上针。
按照上面2行的方法再重复编织4次。（共46针）
第31行：全下针。
第32行：全上针。
第33行：收13针，织下针至行尾。（共33针）
第34行：上针方向收15针，织上针至行尾。（共18针）
织6行正面全下针。
第41行（加）：下扭，织下针至最后2针，下扭。（共20针）
织5行正面全下针。
第47行（加）：下扭，织下针至最后2针，下扭。（共22针）
第48行：全上针。
第49行：9下，收6针，将下9针移至麻花针上（用于编织右腿），继续编织剩余9针，完成左腿。

左腿

第50行： 全上针。
第51行： 收1针，织下针至行尾。（共8针）
第52行： 全上针。
第53行： 收1针，织下针至最后1针，下扭。（共8针）
第54行： 全上针。
重复上2行。
第57行： 收1针，织下针至最后2针，2下并1。（共6针）
第58行： 全上针。
收针。

右腿

第50行： 将各针从麻花针上移回，重新接线编织右腿。整行织上针。（共9针）
第51行： 全下针。
第52行： 上针方向收1针，织上针至行尾。（共8针）
第53行（加）： 下扭，织下针至行尾。（共9针）
重复前2行。（共10针）
第56行： 上针方向收1针，织上针至行尾。（共9针）
第57行（减）： 2下并1，织下针至最后2针，2下并1。（共7针）
第58行： 上针方向收1针，织上针至行尾。（共6针）
收针。

耳朵

织2片
使用4mm棒针和所选编织线，以手指绕线起针法（参见技法指南）起6针，完成第1行。
第2行： 全上针。
第3行： 全下针。
第4行： 全上针。
第5行（减）： 2下并1，2下，2下并1。（共4针）
上针方向收针。

缝合

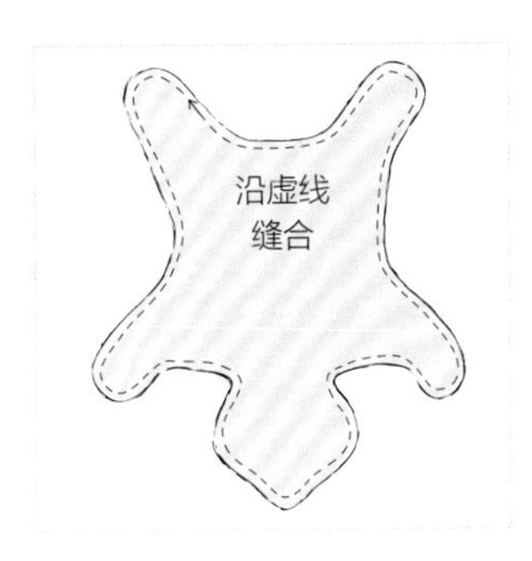

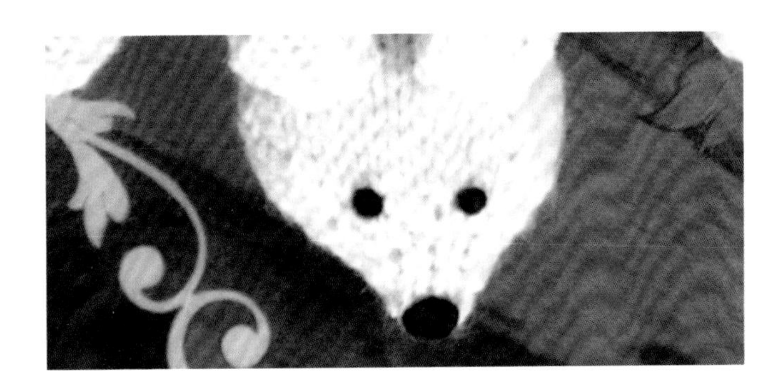

线头藏缝。将两片身体正面相对平放，用珠针固定。从收针边开始整圈缝合，在侧边保留返口。

在脖子和头部塞入填充棉时可使用棒针辅助填充。

翻回正面后，先将头部塞入填充棉。然后在四肢末端塞入少量填充棉。整齐缝合收针边。

将耳朵放置在距离鼻子底部4.5cm，距离侧边1cm处，缝合固定。

眼睛距离底边2cm，紧贴在加针行后方。借助布用胶粘贴，按压1分钟，确保粘贴得更牢固。

将鼻子置于起针边上方，脸部居中的位置。借助布用胶粘贴，同样按压1分钟。

在四肢塞入填充棉后，杯子放在杯垫上会使小熊的四肢微微翘起。

技法指南

编织术语缩写说明

为了方便阅读，缩小文字长度，编织图示中通常会采用缩写方式表达技法术语。下表是本书中将会用到的相关缩写。书中的编织图示均采用英式术语。

中文缩写	中文注解	英文缩写
收	收针	BO
起	起针	CO
减	减针	Dec(s)
加	加针	inc
盎司	英制重量单位	Oz
克	重量单位	g
英寸	英制长度单位	In(s)
厘米	长度计量单位	Cm
米	长度计量单位	M
毫米	长度计量单位	Mm
下	下针	K
2下并1（减1针）	将2针下针并成1针下针	K2tog
3下并1（减2针）	将3针下针并成1针下针	K3tog
下扭（加1针）	在同一针上织下针和扭针，是一种加针方式	Kfb
下扭下（加2针）	在同一针上依次织下针、扭针和下针	Kfbf
下加1针	从下方挑针的方式加1针，可分从右侧或左侧	M1
上	上针	P
滑针套过左针	将滑针套过左侧针	Psso
2上并1（减1针）	将2针上针并成1针上针	P2tog
3上并1（减2针）	将3针上针并成1针上针	P3tog
正	从正面编织	RS
滑	滑针	Sl
右下2并针	依次滑2针，将2针以下针方式织在一起（减1针）	SSK
正面全下针	正面织下针，反面织上针	Stst
反	从反面编织	WS
挂线	挂线加针	Yo

起针（Casting On）

在开始编织前，我们需要先编织1行基础针，我们将这行基础针称为起针。

1 取出2根棒针，在距离线头约15cm处打1个活结，挂在其中1根棒针上。用左手握住挂有活结的棒针。将右手的棒针从下针方向插入左手棒针上的线圈，然后在右手棒针的针尖位置挂线。

2 将线挑出线圈，在右手棒针上形成1个线圈，右手棒针上的线圈保留别滑脱。

3 将左针从右向左插入右针上的线圈，从而将新编织的1针滑至左针。此时左针上同时挂2针。

4 将右针从左针上的两针之间插入，在右针针尖上挂线。在两针之间将线挑出，按照第3步的方法将引出的线圈再次挂到左针上。继续照此方法起所需的针数。

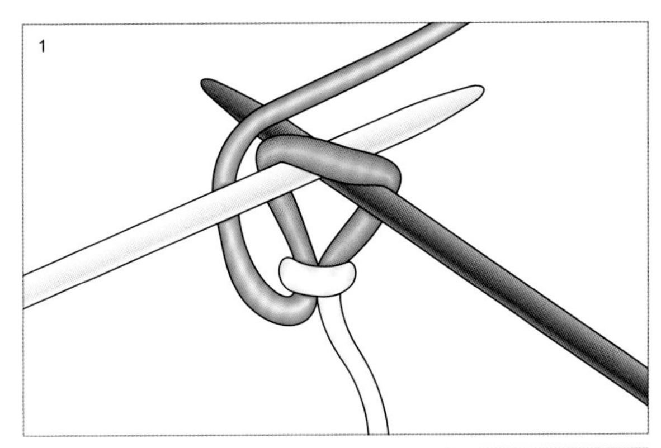

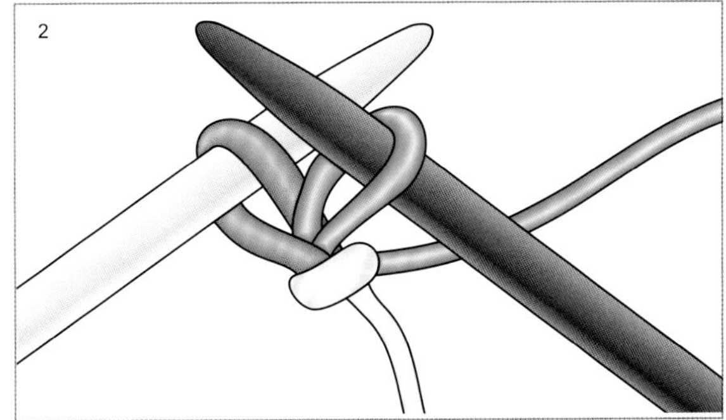

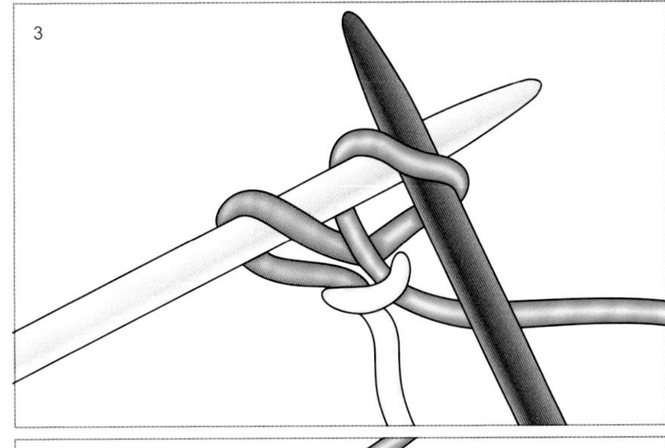

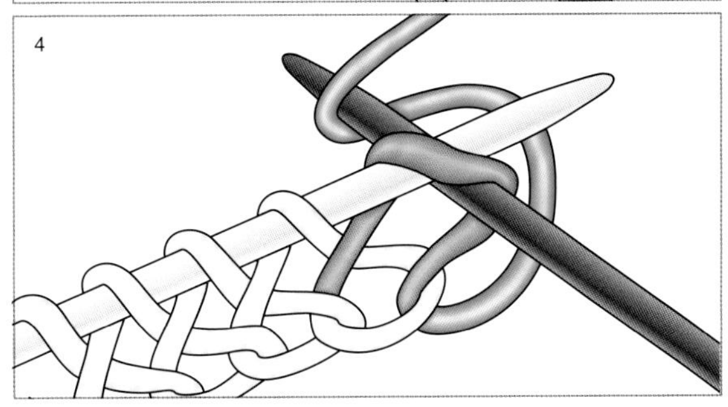

手指绕线起针法

这是最简便的一种起针方法，你只需1根棒针即可。

1 在线头预留一长段后打1个活结，右手拿棒针，将活结套在棒针上。将连接线团的线挂在食指上，同时从中指下方穿过再挂到无名指上。预留出的线头握在左手，在左手拇指上从前向后绕1圈。

2 将棒针从前向后插入拇指上的线圈。

3 右手上的编织线在棒针上挂1圈线。

4 将拇指上的线圈套过棒针针尖，从而在拇指线圈中挑出1个新的线圈。松开拇指上的编织线，轻拉线头，将棒针上新起的线圈收紧。继续照此方法起够你所需的针数。

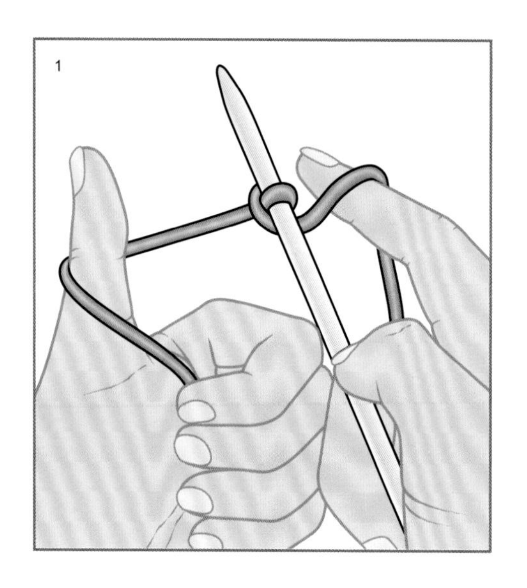

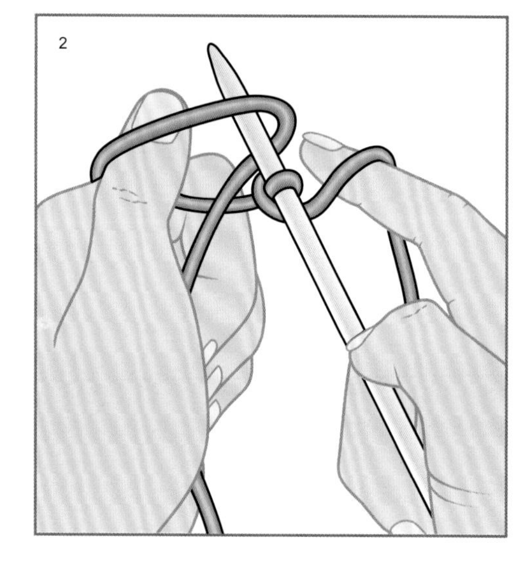

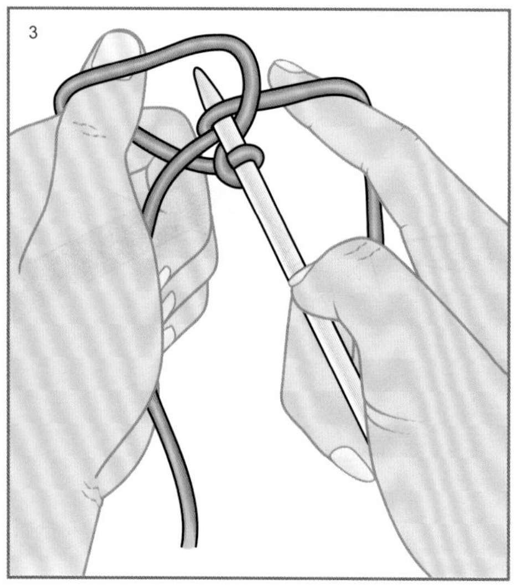

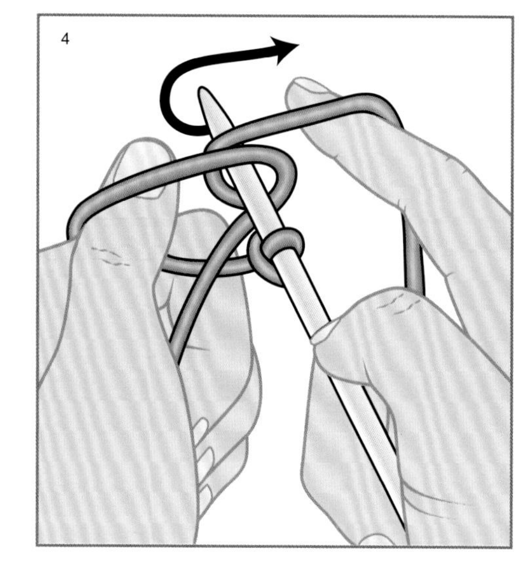

收针（Binding Off）

将相邻各针连接起来，避免织品边缘散开，这种方法称为收针。我们可通过不同方法进行收针。

下针收针法

在编织下针行时采用这种收针方法最便捷。

1 织2针下针，将左针的针尖穿入右针上第1针前侧。

2 将这针挑过第2针并滑下棒针。

3 右针上仅剩1针。

4 在下一针上织下针，将第2针挑过这一针并滑下棒针。按照上述方法重复收针，直至右针上仅余1针。

打结收尾

将线剪断（预留一段线尾藏缝），将线尾穿过最后1针并将这针滑下棒针。轻拉线尾将最后1针收紧。

上针收针法

上针织片收针时方法与下针相同，只需以织上针代替织下针即可。

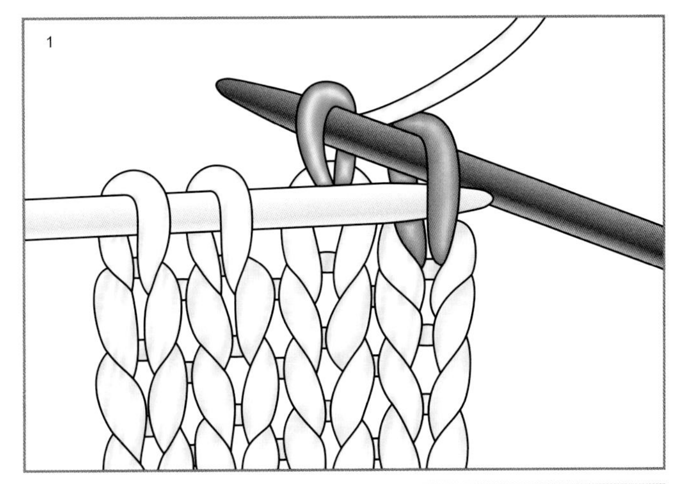

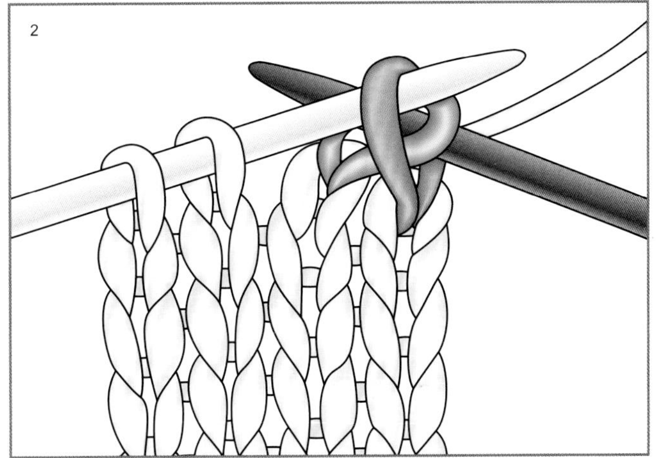

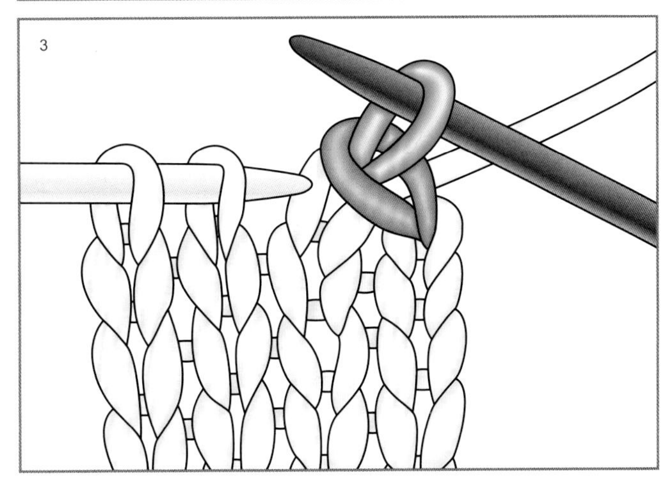

密度样片（编织密度）

在编织教程中，设计师一定会首先标明该款织物的编织密度，以便读者计算成品尺寸。计算编织密度是编织中的重要一环，需准确标记出边长10cm的织片所包含的行数与针数。如果没有掌握正确的编织密度，最终的成品尺寸也会出错。如果在边长10cm的织片中，你编织的针数超出规定针数，最终成品会小于标准尺寸；反之，如果在边长10cm的织片中，你编织的针数少于规定针数，则最终成品会大于标准尺寸。

在计算编织密度时，编织者须编织出1片边长至少达到15cm的正方形织片，同时所选用的编织线种类、棒针型号和针法也均需严格遵守教程要求。在核算针数时，请选取织片的中心区域进行测量，避开织片边缘出现扭曲的各针。

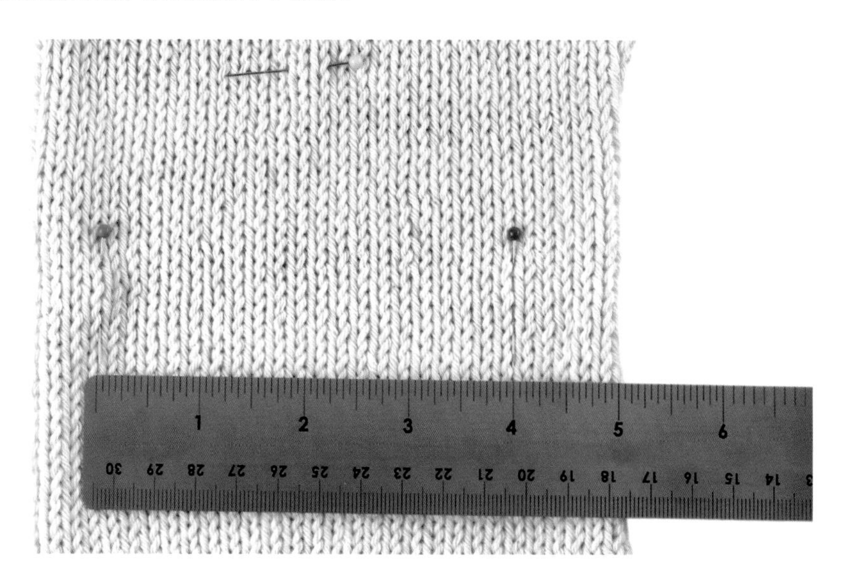

测量编织密度

在采用全下针编织尺寸样本时，应在起针数达到10cm长度后再多起10针。

1 采用全下针的方法编织1片边长至少达到15cm的织片，然后松松地进行收针。

2 采用与成品相同的方法低温熨烫或整理正方形样片。教程中会说明是否需对织片进行熨烫整理。

3 将正方形织片平放在水平面上，无需拉拽。直尺水平放在织片上，在距离织片边4针的位置插1根珠针，之后在距离第1根珠针10cm处再插1根珠针。

4 将直尺垂直放在织片上，按照相同方法标记出行数的范围，注意避开凹凸不平的起针边和收针边。

5 准确记录珠针间的针数和行数，最终获得的数据便是编织密度。

如果样片10cm里针数过多，说明使用的棒针型号偏小，需要更换较大号的棒针，使花纹变大，此时10cm织片内的针数便会减少。反之，如果针数过少，说明使用的棒针型号偏大，需要更换较小号的棒针，使花纹变小，此时10cm织片内的针数便会增加。

6 使用不同型号的棒针多编织几片样片，直至编织密度完全符合教程的要求。

通过不断校准编织密度，会省去后期因尺寸不当，拆了又织，织了又拆的麻烦。总之，我们最终将如愿获得一件完美作品，还是所有努力付诸东流，成败在此一举。

下针（Knit Stitch）

下针是所有针法的基础，分4步完成。

1 用左手握住挂有起针行的棒针，将右手棒针从左向右穿入左针上第1针。

2 在右针针尖由下向上挂1圈线。

3 使用右针从左针上第1针内挑出1个新的线圈。

4 将新完成的1针滑下左针，从而在右针上形成了第1针下针。

按照上述方法重复编织，直至左针上的各针全部转移至右针，这样便完成了整行的编织。将右针换到左手，按照相同方法开始下1行的编织。

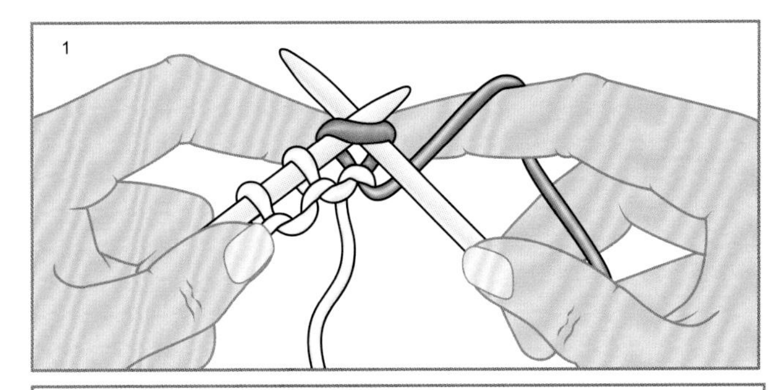

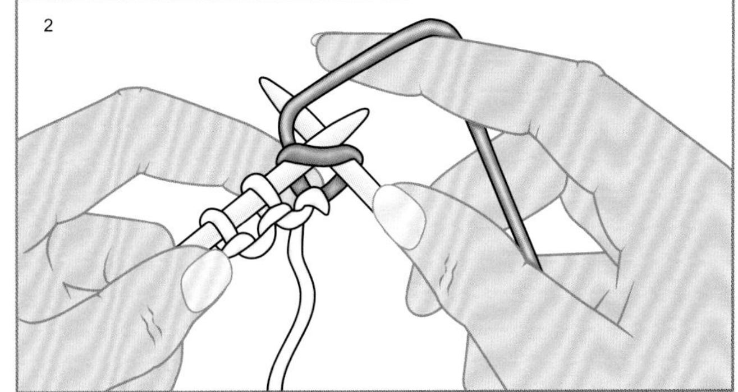

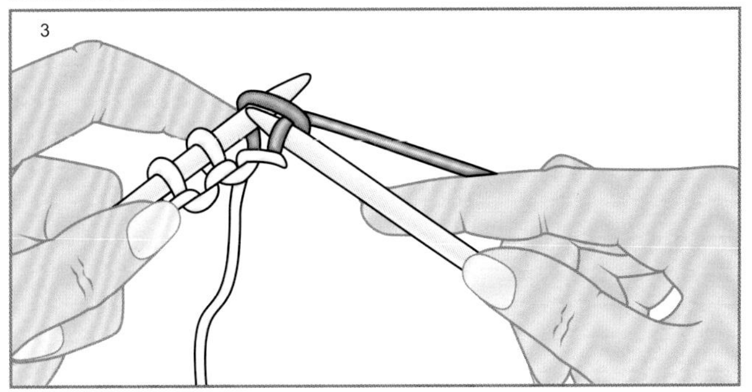

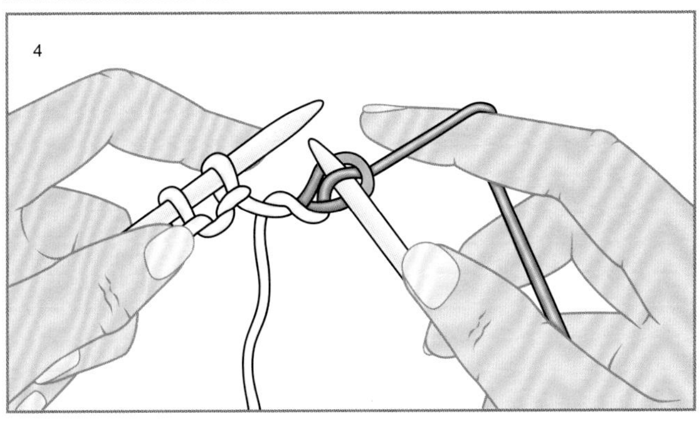

下针：左手带线法

采用这种方法编织下针时，需采用右针钩挑编织线。编织线置于织品后侧（与自己相背的一侧），用左手食指控线。

1 挂有起针行的棒针执于左手，编织线挂在左手食指上。右针从左向右由前侧入针。

2 将右针针头下压，绕至编织线后侧。

3 用右针将新的线圈挑出左针上的第1针，如必要，可借助右手食指固定挑出的新线圈。

4 将新完成的1针滑下左针。完成1针下针的编织。

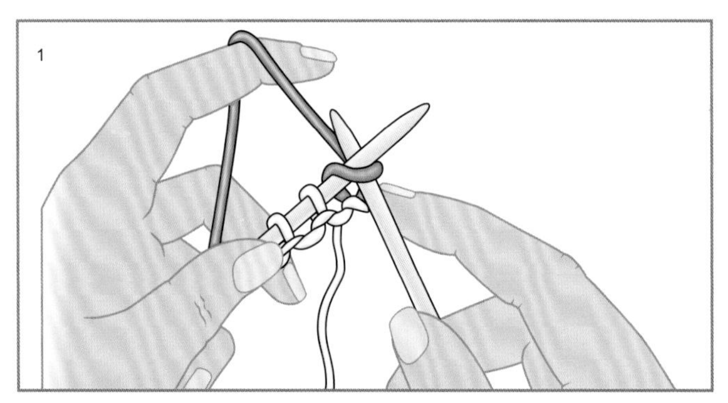

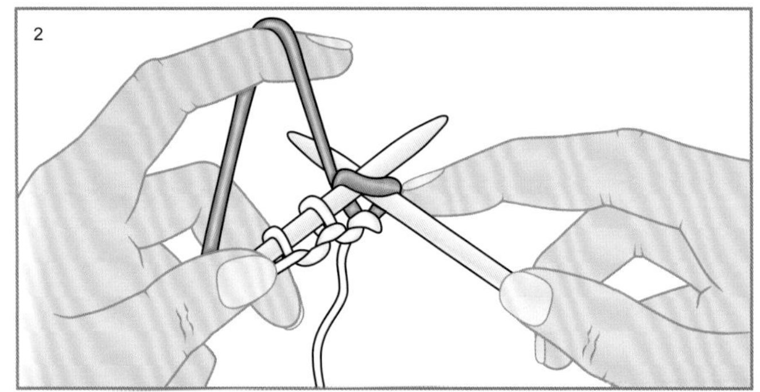

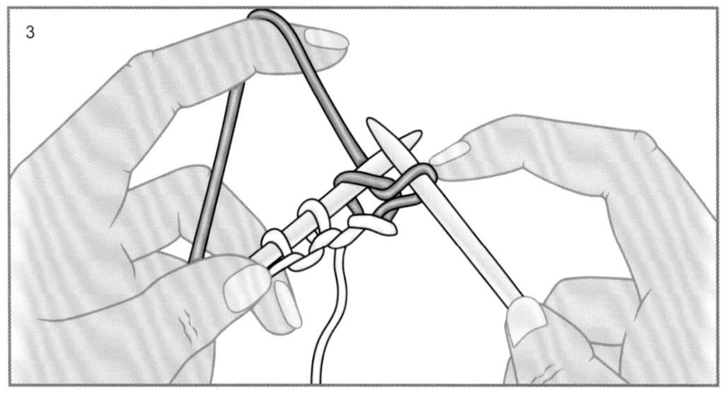

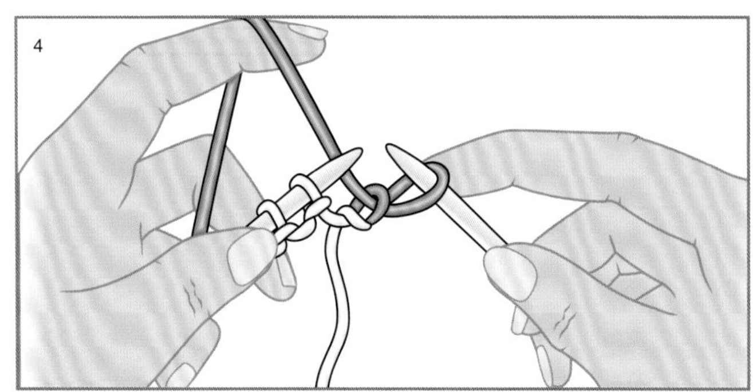

上针（Purl Stitch）

上针的编织方法与下针刚好相反。将编织线置于织品前侧（朝向自己的一侧）。

1 用左手握住挂有起针行的棒针，将右针从右向左穿入左针上第1针的前侧。

2 在右针针尖处逆时针挂1圈线。

3 将挂在右针上的新线圈从左针上的第1针中挑出。

4 将新编织的1针滑下左针。此时便在右针上完成了1针上针。重复上述4个步骤，直至本行编织完成。

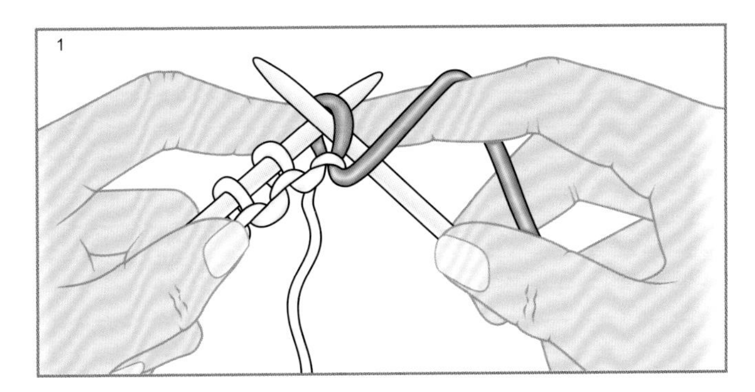

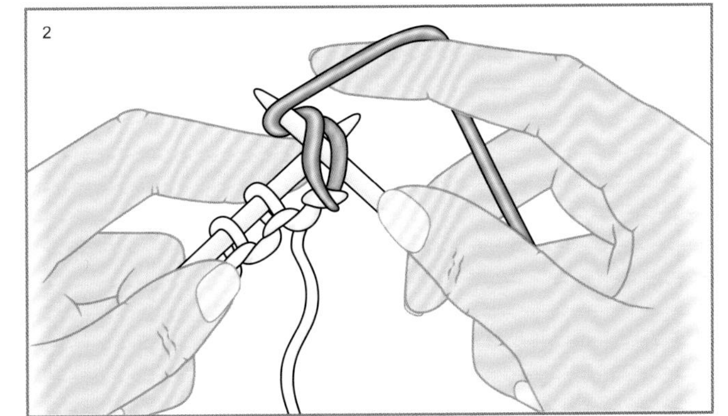

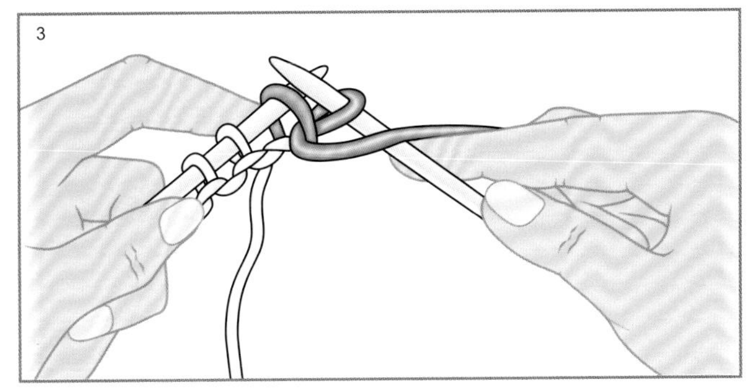

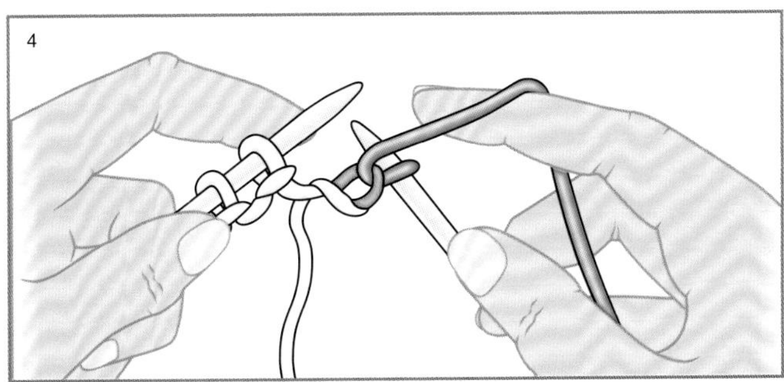

上针：左手带线法

编织线挂在左手食指，带到织品前侧（朝向自己的一侧）。

1 将挂有起针行的棒针执于左手，将右针从右向左穿入左针上第1针的前侧，保持编织线位于织品前方。

2 在编织线后侧从右向左转动右针，然后在编织线前侧从左向右转1圈。左手食指在织品前侧下压，辅助固定绕好的线圈。

3 将右针上的新线圈挑过左织上的第1针，如必要，可借助右手食指固定引出的新线圈。

4 将新完成的1针滑下左针。将左手食指归位。1针上针编织完成。

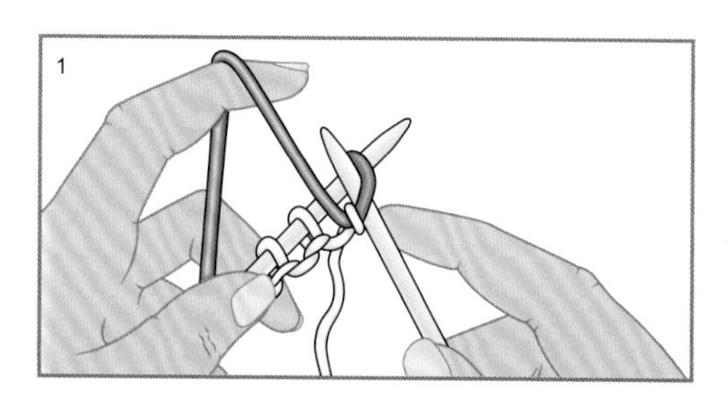

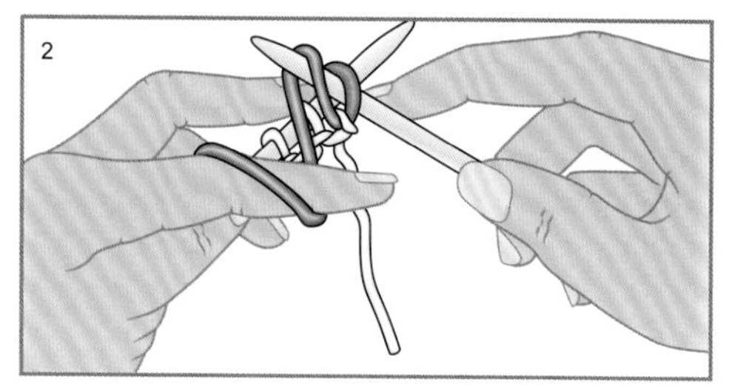

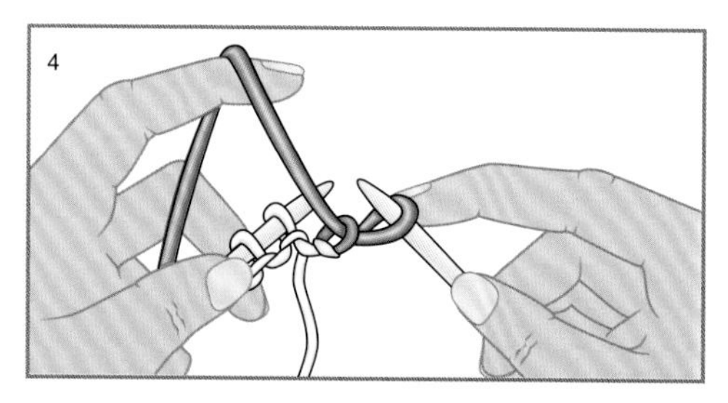

正面全下针（Stocking Stitch）

采用1行上针，1行下针的方法编织称为正面全下针，即正面织全下针。织品正面全显示下针，反面全显示上针。编织教程中通常将全下针的针法说明如下：

第1行（正面）： 全下针。

第2行： 全上针。

也可说明如下：采用正面全下针的方法编织（1行下针，1行上针），以下针行开头。

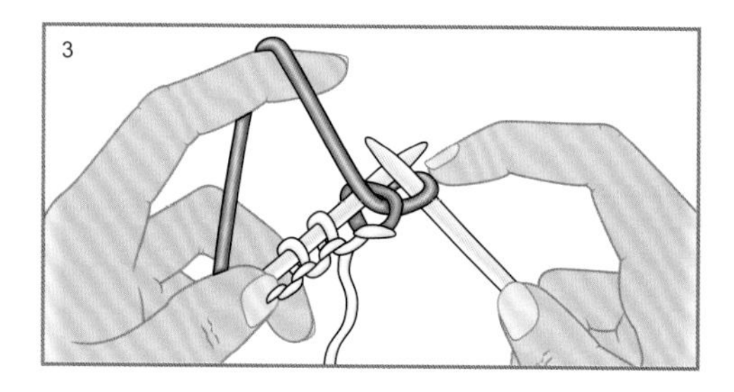

起伏针（Garter Stitch）

每行均采用下针编织的方法称为起伏针。起伏针编织的织片前后两面会出现凸起的棱纹图案。由于起伏针织片的正反面完全相同，因而可双面使用。起伏针织片具有平整厚实的特点，织边不易卷曲。

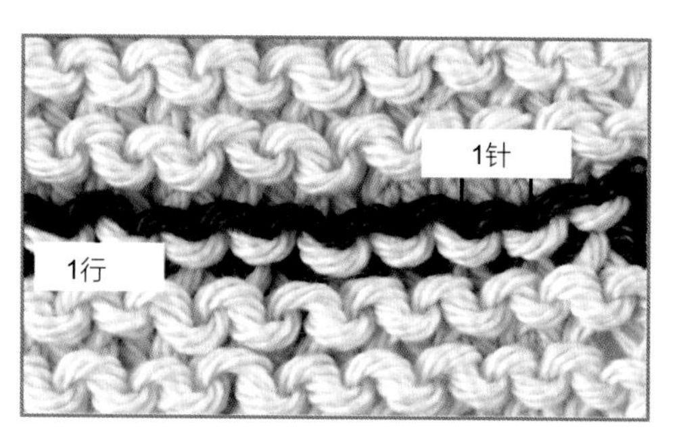

加针

加针是用来塑造织品形状的途径之一，我们可以通过不同方法实现加针。

下加1针（M1）–左扭下加1针

使用两针间的水平渡线，在现有两针之间新加1针。

1 编织到需要加针的位置时，将左针的针尖从前向后由下方穿入两针间的渡线。
2 在这个线圈上从后侧织下针，形成1个扭紧的线圈。使新形成的1针在根部扭转可有效避免针与针之间形成镂空。

下加1针（M1）–右扭下加1针

1 编织到需要加针的位置时，将左针的针尖从后向前由下方穿入两针间的渡线。
2 在这个线圈上用右针从前侧织下针，形成1针扭针。

下扭加针（kfb）–1针分织2针

在同1针上前后织是另一种实现加针的简便方法。

按照常规方法从前侧织下针。完成后不要将这针从左针滑下，而是继续从线圈后侧再织1针下针，然后将初始编织的1针滑下左针。你也可以在编织上针行时，按照相同方法编织上扭加针（pfb）。

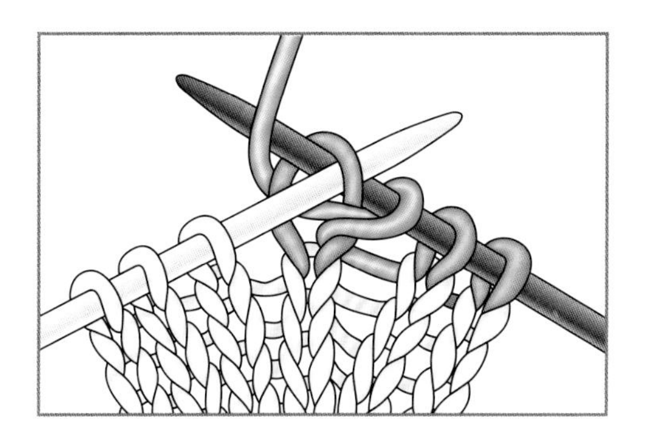

减针

为了塑造出所需的形状，我们除了要学会加针方法，还要学习如何减针。减针时可以每次只减1针，也可以1次同时减多针。下面为大家介绍不同的减针方法。

减1针–2下并1（k2tog）

织下针到需要减针的位置时，将右针（按照织下针的方法）同时插入下2针，然后2针同时织1下针。

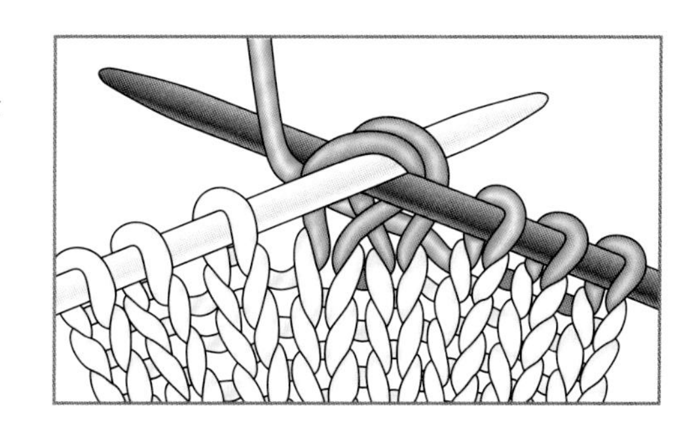

减1针–2上并1（P2tog）

织上针到需要减针的位置时，将右针（按照织上针的方法）同时插入下2针，然后2针同时织1上针。

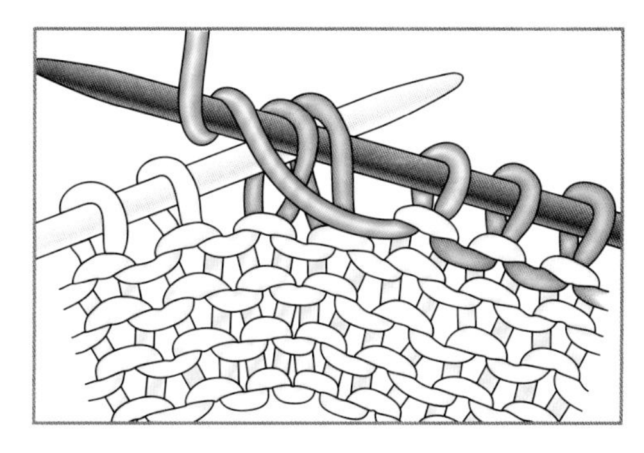

环形编织

双头棒针（DPN）

平片编织采用逐行、正反两面交替编织的方法，不断将各针从一根棒针转移至另一根棒针。环形编织则是逐圈编织，无需翻转织品。

环形编织需要同时使用4根双头棒针，从一端入针，另一端出针。起针时，我们先在一根棒针上起好所需的针数，然后将各针平均分配到3根棒针上。例如：如果需要起66针，则每根棒针各分22针；如果需要起68针，则两根棒针上各分23针，第3根棒针上分22针。第4根棒针用来编织。

将3根棒针摆成三角形，注意起针边朝向内侧并保持齐整。在起始的首尾针之间添加1个记号针，以便提示每一圈的起始位置。结束一圈编织后需摘下记号针并添加在下一圈起始处。在第1针上织下针时需将编织线收紧，以免在第1根和第3根棒针上形成空隙。逐针编织第1根棒针上的剩余各针。当这根棒针上的各针均转移至另一根棒针后，我们便将这根棒针用作编织针。

编织第2根棒针上的各针，然后利用新替下的编织针编织第3根棒针上的各针。第1圈编织完成。

按照上述方法继续逐圈编织，渐渐便会形成筒状织品。如逐圈编织下针，最终将会呈现全下针的纹理效果。如需编织起伏针，可采用1圈下针，1圈上针的方法交替编织。

在环形编织时，你可能会感到第1圈织得较为吃力，因为此时闲置的棒针容易不停摇摆或妨碍编织。在编织几圈后，织品会起到固定棒针的作用，你会发现后续编织越来越顺畅。

为了避免第1圈起针处出现空隙，我们可以使用线尾和编织线一起编织前面几针。此外，我们还可以在起针时额外多起1针，将这针滑至第1根棒针上，将这针与第1针并织。

为了避免棒针交替位置出现镂空，除需将编织线收紧外，我们还可以在每一圈编织时，从下一根棒针上多织两三针。这样不仅可以调整换针的位置，而且可以有效避免织品出现一条松松的网眼。

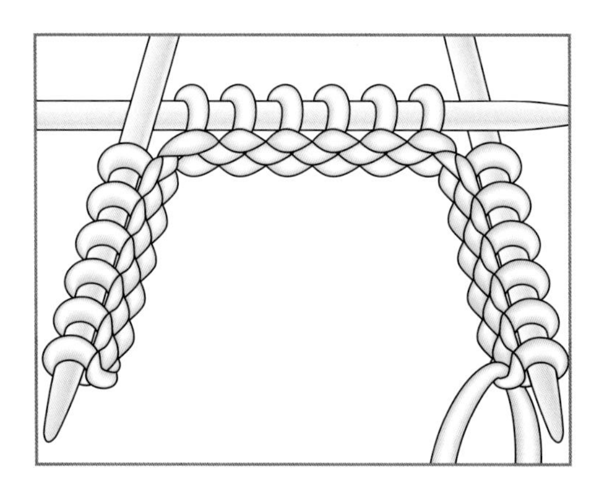

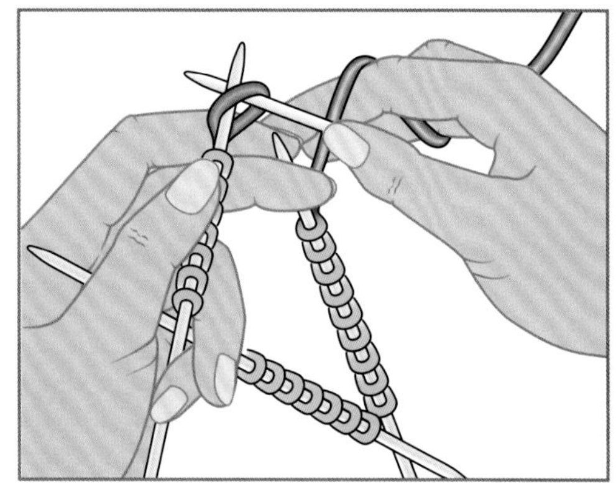

嵌花编织法

（编者按：嵌花编织即我们常说的配色编织。）

嵌花编织是塑造彩色花纹图案的编织方法，适用于大面积彩图效果且每行需同时采用多种不同颜色。嵌花编织尤其擅于塑造独立花样、几何图案或图画效果。

进行嵌花编织时，每种颜色需单独使用一团编织线。通过不同毛线相互盘扭，衔接出各个彩色区域，同时防止出现空隙。

绕线轴

每种颜色需独立使用1个绕线轴。在嵌花编织时，切记不要直接使用整团毛线，因为经过各种毛线的不断盘扭，线球会乱得一塌糊涂，纠缠不清。利用绕线轴，只需取出所需长度的编织线，小巧的线轴可以直接挂在织品后侧，互不干扰。

既可以选择购买塑料线轴，方便分取使用少量的编织线，也可以选择自己动手制作简易线轴。在编织复杂的嵌花图案时，由于所需颜色繁多，自制线轴更划算。预留出一段长长的线，然后在大拇指和小指间缠绕8圈，将这段编织线剪下。用剪下线的线尾围着绕线轴中心打1个结。用长线尾从线轴中心取线。随着不断抽拉编织线，绕线轴中心的线结可能变松，我们需随时将线结收紧，以免整个线轴散落。

在开始编织前需预先做好规划，准确计算出每种颜色需要多少个绕线轴。如果某种颜色的针数很少，也可以剪出足够长度的线直接使用，无需使用绕线轴。所需编织线的长度是所要织的针数宽度的3倍。

换线方法

1 将右针针尖穿入下一针，新加入颜色的线预留出10cm，在换线处挂在右针针尖上方。

2 取用新线的编织端继续编织下一针，在新完成1针后，将新加入的线尾端拉出，在编织端上方挑出织针，以免线尾端被织入织品。将线尾端握在织品后侧。

此时新加入的编织线和此前使用的编织线相互缠绕，以防出现空隙，之后我们便可使用新线继续编织。置于织品后侧的线尾可留待最后一起藏缝，也可以随编织线一同织入织片。

在编织上针行时可按照相同方法换线，只需在织品反面进行扭线。

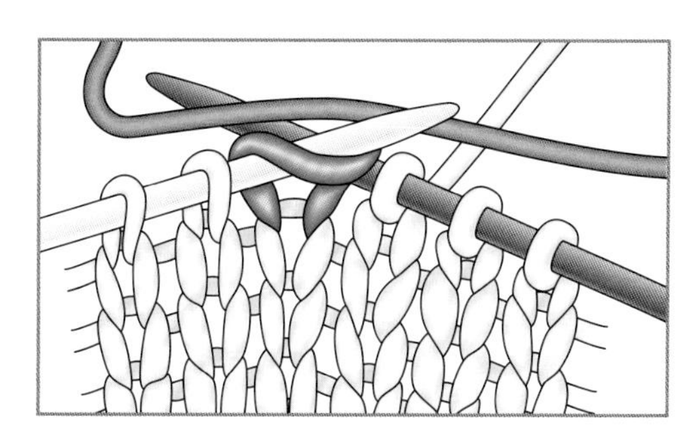

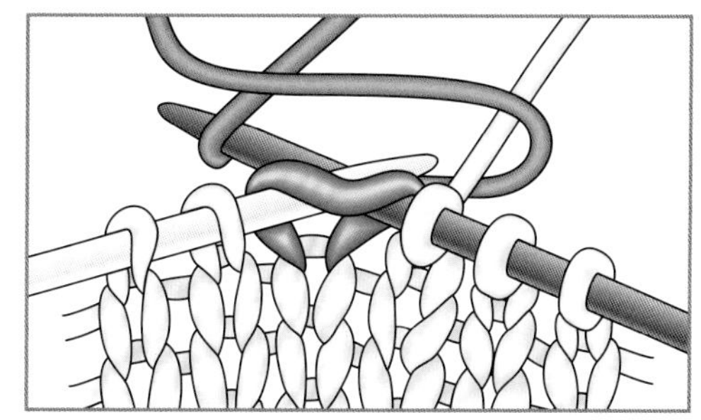

交叉法

同一行加入所需颜色的编织线后，我们需在返回行将两针进行交叉，以便在相应色块背面让换线更牢固。在换线时，我们应始终遵循从原线下方挑出新线。在两行以上的相同位置进行换线时，这一原则显得尤为重要。按照这种方法，织品背面最终将形成1行整齐的换线线圈，从正面无法看到。切记交叉后编织的第一针需将线收紧。

下针行交叉法

右针针尖穿入下1针，将原线拉拽至左侧，挑起新线并带至原线后侧。在下一针织下针。两根线便完成了彼此的交叉。

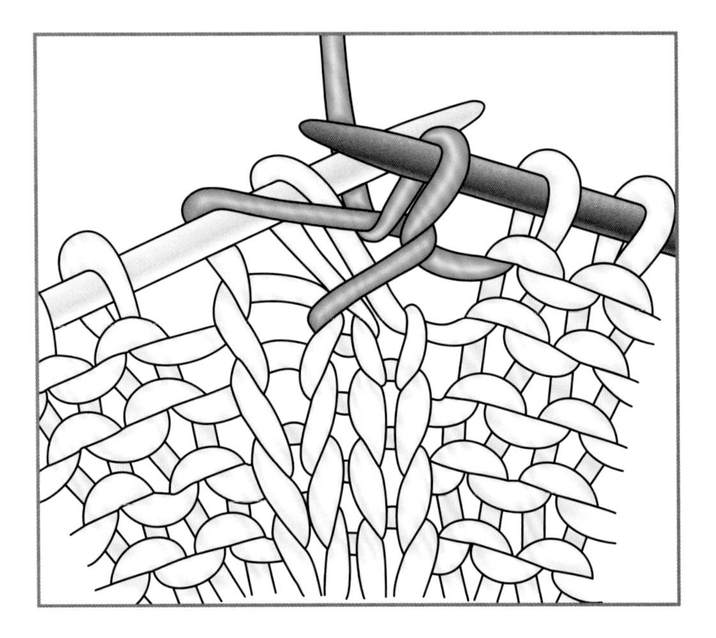

上针行交叉法

右针针尖穿入下一针，将原线拉拽至左侧，挑起新线并带至原线后侧。在下一针织上针。两根线便完成了彼此的交叉。

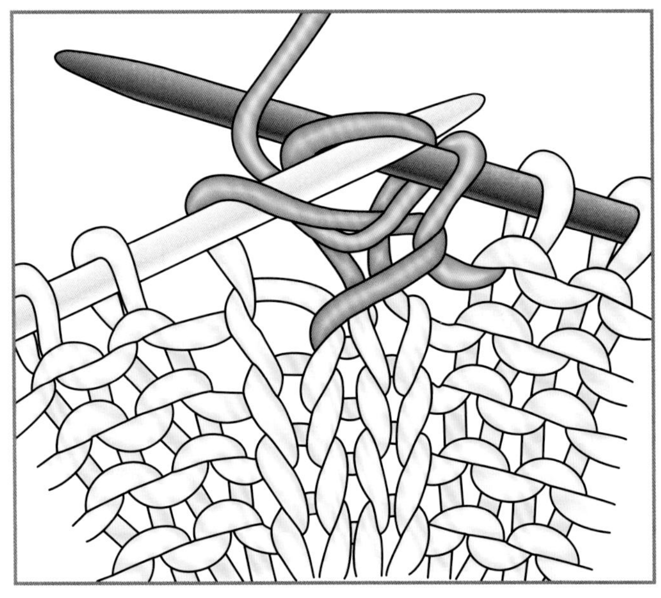

渡线方法

在编织过程中，我们有时会遇到新的换线位置与上1行使用该线的位置仅相隔几针的情况。此时我们只需直接使用新线编织下1针，同时按照前面的方法将新线与原线进行交叉即可。不要将编织线在织片背面收得过紧，各针之间应呈现适度舒展的状态才能确保织片编织密度不变。按照这种方法，新线会在织片背面出现1个渡线环。如果两处换线位置仅相隔两三针，将这样的线环挂在背面不会对织品产生任何不良影响，但如果相隔更多的距离，织片背面挂的线环会过长，最好还是将渡线环织入织片，否则织品在穿戴时会引起不便。当两处换线位置超过7针时，建议将线剪断，在新的换线处重新加入编织线。

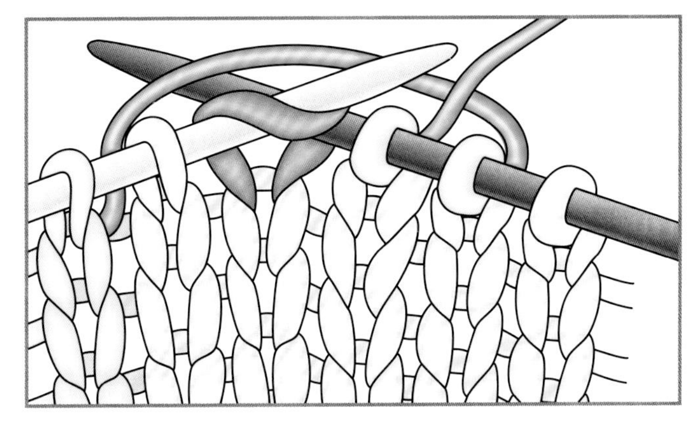

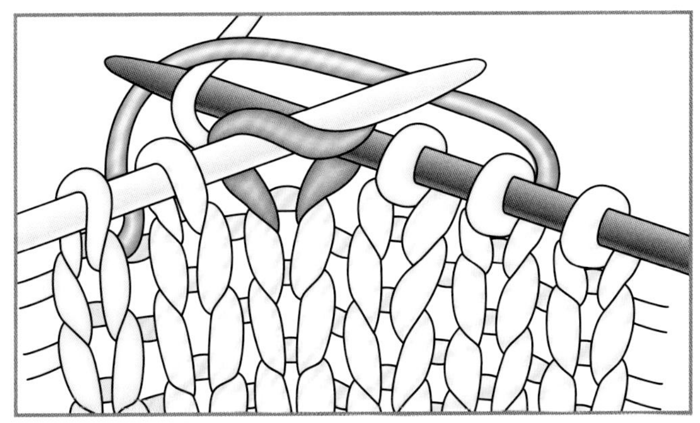

下针行渡线方法

1 用新线织2针下针。将右针的针尖插入下1针，挑起1个长长的线圈。

2 按照下针的方法挂1圈线，然后织下针。此时长线圈将被固定在织品背面，且不会在正面暴露。

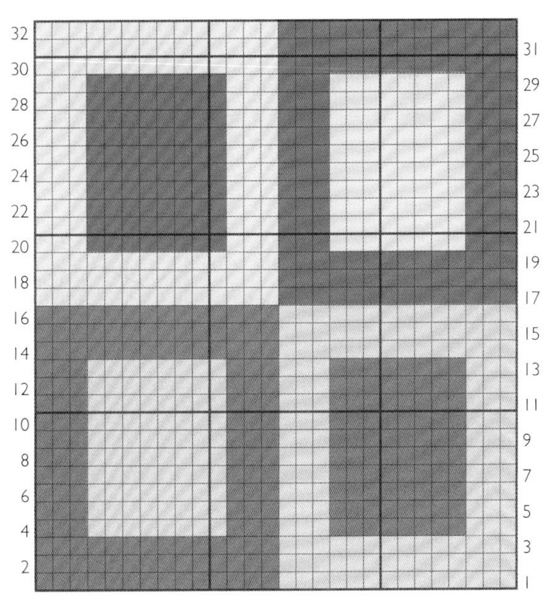

上针行渡线方法

1 用新线织2针上针。将右针的针尖插入下1针，挑起1个长长的线圈。

2 按照上针的方法挂1圈线，然后将长线圈引出织针，按照常规方法织上针。此时长线圈将被固定在织品背面，且不会在正面暴露。

收针

通过对织品进行收针处理，我们可以将编织的各针衔接固定在一起，避免织品在使用过程中出现散针、脱针的现象。收针时通常会遵照各针的编织顺序，下针按照下针方向收针，上针按照上针方向收针。切忌收针时力度过紧，以免缩小织片尺寸。以下是下针的收针方法，在上针行收针方法参照下针。

下针方向收针

1 在前两针上织下针。将左针的针尖插入右针上第1针的前侧。

2 将右针上第1针越过第3针挑下棒针。此时右针上仅余1针。

3 在左针上织1下针，此时右针上再次挂有2针。按照第2步的方法，将右针上的第1针越过第2针挑下棒针。照此方法重复操作，直至左针上仅余1针。将编织线剪断（预留一段长线尾用于藏缝），线尾穿过最后1针。将各针滑下棒针，收紧线尾并藏缝。

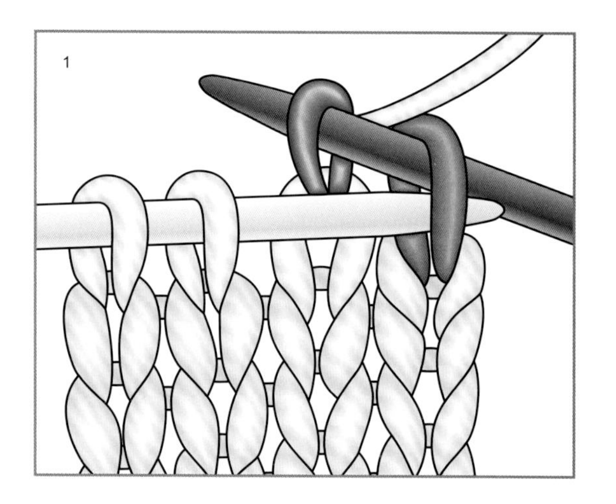

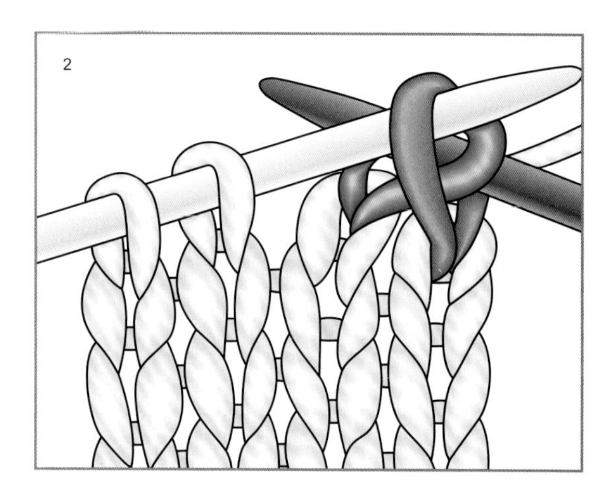

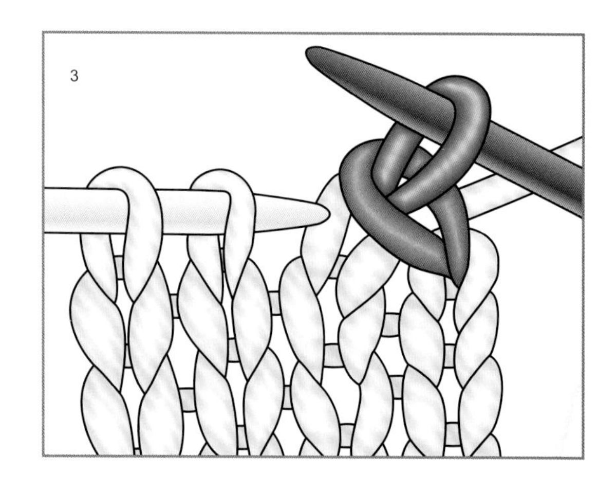

挑针

织片正面朝向自己，右手拿针挑起织片边缘的各针，左手握住织片。加入1团新线，在棒针上挂线并引出1个线圈。棒针上完成1针。建议挑针时使用的棒针比织片用针小1号。

横向收针边挑针

织片握于左手，棒针和线握于右手，将棒针穿入收针边下1行第1针的中心。在棒针上从下针方向挂1圈线并引出1个线圈。将棒针穿入各针中心，继续按照相同方法挑针。

纵向收针边挑针

左手拿织片，右手拿棒针和线，将棒针穿入第1行起始处的第1针和第2针之间。在棒针上从下针方向挂1圈线并引出1个线圈。将棒针逐一穿入各行的两针之间，引出1针，继续按照相同方法沿织边挑针。如果选用了超粗编织线，每针的宽度超过1.5cm，建议将棒针穿入边缘各针的中心，每次仅挑半针，以缩小织品的厚度。

线头藏缝

我们在起针、收针和换线时都会产生一些露在外面的线头，这里为大家介绍如何将线头藏缝到织品内部，使织品看起来整齐美观。将线头穿入一根大针眼的缝合针或毛衣针，在织品背面各针“凸起”处穿缝约5cm，然后将多余的线头剪断即可。

平纹对缝

采用平纹对缝可以塑造出1条隐形的缝合边。这种方法从织品正面进行缝合，便于我们与图案进行比对。将需要衔接的两片织片边缘对齐，平铺在桌面上。

从一片织片的边缘底部入针，从拐角针和第2针之间出针，在第1行引回正面，将编织线固定住。在对侧边，在第1行从后向前穿入缝针，由拐角针和第2针之间出针。缝针引回至第一条织边处，在同一个针眼由后向前穿入缝针。将线收紧，使织片衔接在一起。

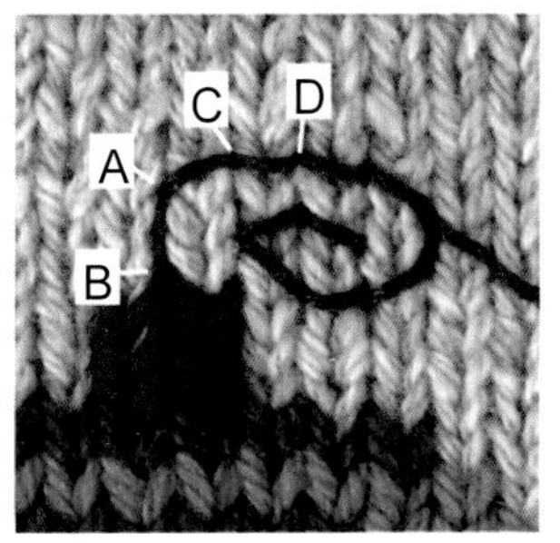

回针缝

回针缝会形成1条连续的线迹，可用于塑造轮廓图案，例如花茎或其他细节装饰。回针缝的方法是：由A点出针，在B点入针，之后在C点引出，再次回到A点入针，从D点出针。

图纸

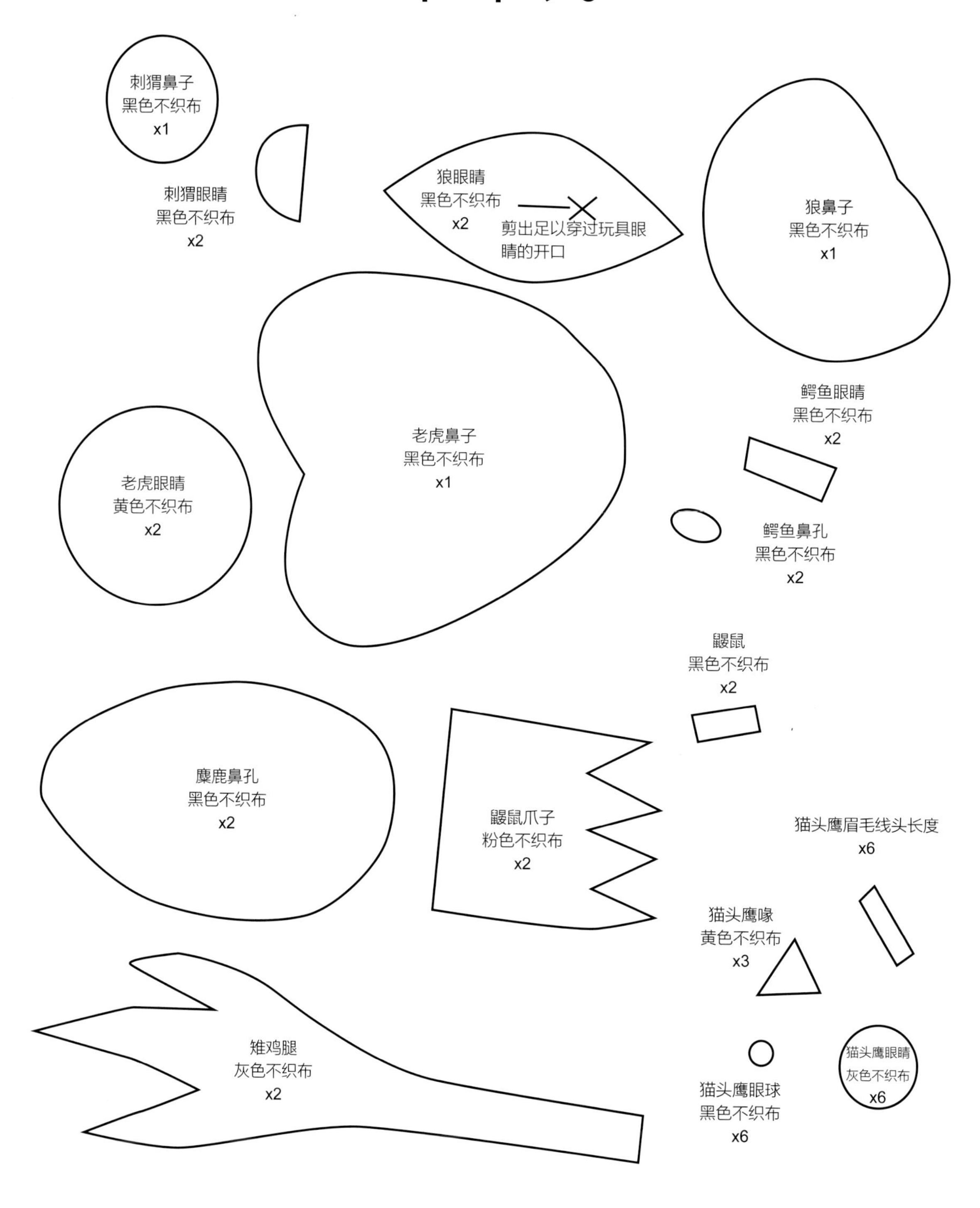
刺猬鼻子
黑色不织布
x1
刺猬眼睛
黑色不织布
x2
狼眼睛
黑色不织布
x2
剪出足以穿过玩具眼睛的开口
狼鼻子
黑色不织布
x1
老虎鼻子
黑色不织布
x1
老虎眼睛
黄色不织布
x2
鳄鱼眼睛
黑色不织布
x2
鳄鱼鼻孔
黑色不织布
x2
鼹鼠
黑色不织布
x2
麋鹿鼻孔
黑色不织布
x2
鼹鼠爪子
粉色不织布
x2
猫头鹰眉毛线头长度
x6
猫头鹰喙
黄色不织布
x3
雏鸡腿
灰色不织布
x2
猫头鹰眼球
黑色不织布
x6
猫头鹰眼睛
灰色不织布
x6

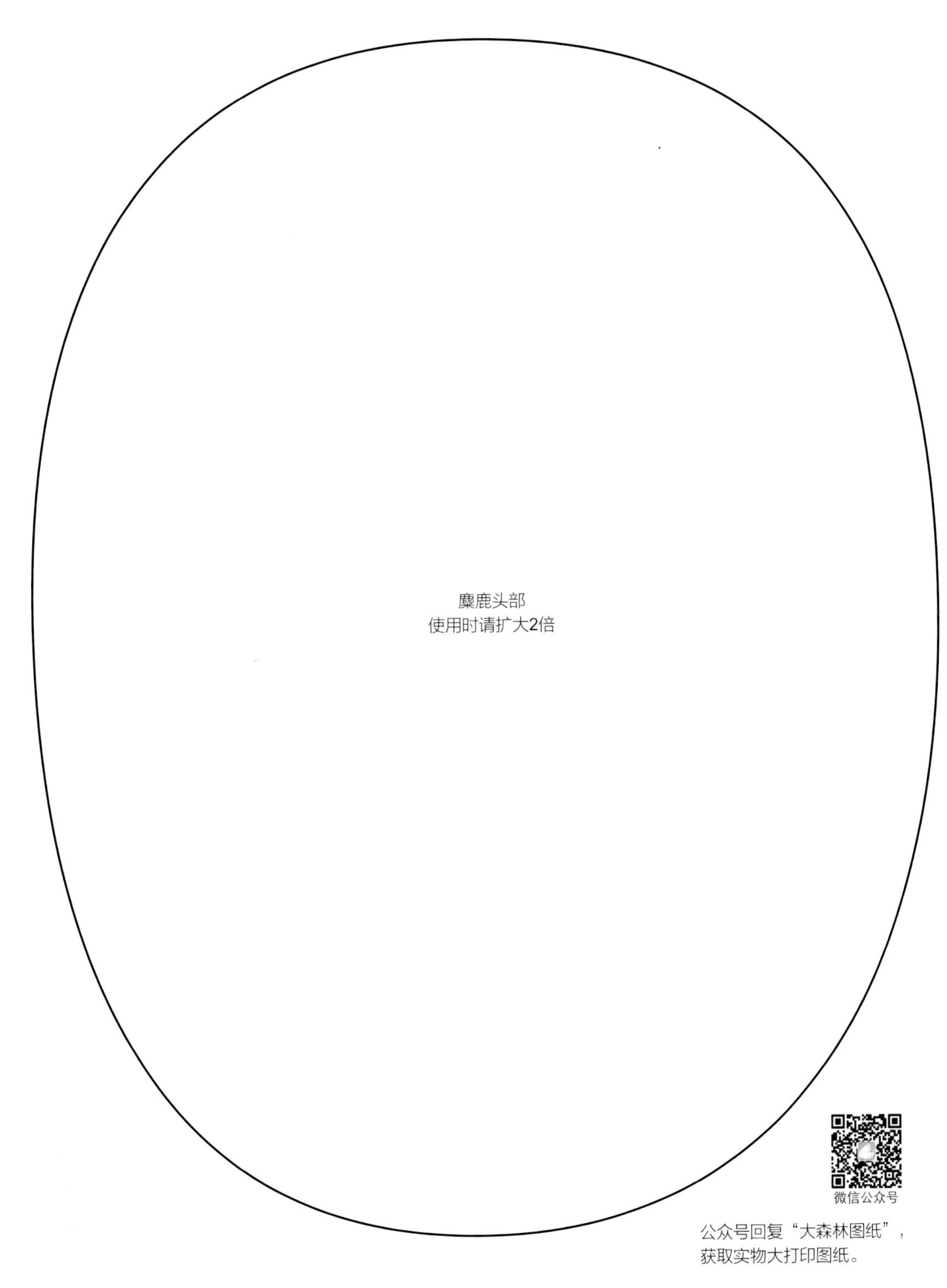

公众号回复“大森林图纸”，获取实物大打印图纸。

作者简介

路易丝·沃克是一位来自伦敦的设计师，因动物形象创作和一组名为“羊毛假发”的系列照片而出名。自2013年6月发表《来自路易丝的问候》以来，她的作品先后被《尚流》（*Tatler*）、《每日邮报》（*Daily Mail*）和《周日快报》（*The Sunday Express*）刊登转载。知名品牌Boden、Phileas Fog，手工杂志*Crafty Magazine*及各界社会名流均曾聘请路易丝进行设计，她的作品可谓老少皆爱。

在伯恩茅斯艺术学院修学商业摄影期间，路易丝开始学习编织技法并很快痴迷于这项手工技艺。随后，编织成为路易丝生活中不可或缺的内容，直至成为她的毕生事业。路易丝现在是全职设计师和手工艺制作者，狐狸是她最喜爱的编织主题。此外，她还非常享受在自己的工作室内手染毛线，或一边编织一边看电视。

鸣谢

我要对在本书创作过程中给予过我帮助和支持的所有人表示由衷的感谢。首先，要感谢我的父母，他们不仅时刻鼓励我，而且还要忍受我在耳边滔滔不绝地大讲特讲各款毛线。还要感谢我家的保姆帕姆，她的编织礼物为我提供了许多灵感，她永远都是我心目中的编织大师。同样非常感谢不断带给我各种惊喜的其他家人，尤其是我的爷爷科林。

这里还要特别感谢时刻伴我左右的皮特，在我一天到晚埋头编织的时候为我精心烹制可口的晚餐，一次次陪我去逛手工商店并给予我最真诚的建议。离开你的帮助便不会有这本书的出版。还要感谢陪伴我们度过无数个开心夜晚的好朋友鲁，在编织猫头鹰保温罩的时候把《洛基恐怖舞会》这部精彩剧目推荐给我（伴随这档节目我又编织了许多作品！）。

当然还要感谢所有为我提供支持的毛线提供商，在你们的帮助下，我才有幸体验到此前从未使用过的精美毛线，完成了书中的各款作品。

感谢萨拉为我提供了这个将理想变为现实的机会。本书的出版是我个人职业生涯中最激动人心的时刻。还要感谢哈利特给予的帮助和点评，艾玛为本书提供的大力支持和辛勤付出，利齐为本书进行了精细的文字校对，安娜和莎拉同样为这本书的出版投入了大量时间和精力。

此外，我还非常非常感谢为本书拍摄了大量精美图片的摄影团队，尤其是创作期间整日陪我拍片的本，他不仅要四处搜寻所需物品，还要搭建拍摄场景，进行艺术指导，和我一起处理图片。我从没想过自己会“摄”出一本书，好在我们是“摄制”图片，而非为我“射杀”冬日围巾！

最后，我要向大批网友和粉丝表示感谢，你们通过社交网络为我提供了巨大的鼓舞和支持。真心希望我的作品能够给予你们灵感，正如你们给予了我无限创意。我热切期待着你们的作品早日出炉！

图书在版编目（CIP）数据

大森林动物编织：野生动物系列服饰家居手织设计 /（英）路易丝·沃克著；苏莹泽. -- 北京：中国纺织出版社，2016.10

ISBN 978-7-5180-2949-5

I. ①大… II. ①路… ②苏… III. ①手工编织—基本知识 IV. ①TS935.5

中国版本图书馆CIP数据核字（2016）第219166号

原文书名：*Faux Taxidermy Knits: 15 Wild Animal Knitting Patterns*
原作者名：Louise Walker

著作权合同登记号：图字：01-2015-4087

责任编辑：刘　茸　　　　责任印制：储志伟
装帧设计：水长流文化

中国纺织出版社出版发行
地址：北京市朝阳区百子湾东里A407号楼　邮政编码：100124
销售电话：010—87155894　传真：010—87155801
http: // www.c-textilep. com
E-mail: faxing@c-textilep. com
中国纺织出版社天猫旗舰店
官方微博http: // weibo.com/2119887771
北京华联印刷有限公司印刷　各地新华书店经销
2016年10月第1版第1次印刷
开本：889 × 1194　1/12　印张：10.5
字数：140千字　定价：39.80元

凡购本书，如有缺页、倒页、脱页，由本社图书营销中心调换